Thomas Barth

Konzernabschluss verstehen

Thomas Barth

Konzernabschluss verstehen

Für Controller und Bilanzanalysten

unter Mitarbeit von Mehtap Ercetin

UVK Verlagsgesellschaft mbH
Konstanz und München

Bibliografische Information der Deutschen Bibliothek
Die Deutsche Bibliothek verzeichnet diese Publikation in der Deutschen Nationalbibliografie; detaillierte bibliografische Daten sind im Internet über <http://dnb.ddb.de> abrufbar.

ISBN 978-3-86764-840-0 (Print)
ISBN 978-3-7398-0400-2 (EPUB)
ISBN 978-3-7398-0399-9 (EPDF)

Einbandgestaltung: Susanne Fuellhaas, Konstanz
Printed in Germany

UVK Verlagsgesellschaft mbH
Schützenstr. 24 · 78462 Konstanz
Tel. 07531-9053-0 · Fax 07531-9053-98
www.uvk.de

Vorwort

Durch seinen aussagekräftigeren Inhalt kommt dem Konzernabschluss im Gegensatz zum Einzelabschluss eine besondere Bedeutung zu. Losgelöst von bilanzpolitischen Spielräumen bietet der Konzernabschluss somit eine bessere Grundlage für Analysen und Entscheidungen. Dies ist gerade für Controller und Bilanzanalysten relevant, die im Rahmen ihrer Planungs-, Steuerungs-, Analyse- und Kontrollaufgaben vermehrt mit Konzernabschlüssen konfrontiert werden. Insbesondere für Beteiligungscontroller, welche das Management bei der Planung, Steuerung und Kontrolle ihrer Beteiligungen unterstützen, schafft dieses Buch bei Fragen zur Konzernbilanzierung Abhilfe.

Im vorliegenden Buch wird die grundlegende Erstellung des Konzernabschlusses kompakt erläutert. Im Fokus steht dabei die Vorgehensweise nach dem deutschen Handelsrecht (HGB). Die Unterschiede zu den International Financial Reporting Standards, kurz IFRS, werden zu jedem größeren Kapitel kurz erläutert.

Ziel des Buches ist es, wesentlichen Informationen und die üblichen Methoden zur Konzernrechnungslegung für Controller und Bilanzanalysten darzustellen. Hierbei sollen für die Leser schwierige Sachverhalte verständlich dargelegt werden und damit die Arbeit mit dem Konzernabschluss erleichtern. Dementsprechend wurde darauf verzichtet, auf Spezialfragen der Konzernrechnungslegung (z. B. latente Steuern) einzugehen.

Das vorliegende Werk dient als Lehr- und Arbeitsbuch. Neben Controllern und Bilanzanalysten richtet sich das Buch selbstverständlich ebenfalls an Studierende der Hochschulen und an andere Interessierte.

Zum Zwecke eines praxisnahen Verständnisses werden die Konsolidierungsmaßnahmen mittels zahlreicher Beispiele veranschaulicht. Außerdem kann nach jedem Hauptkapitel der Wissensstand durch Kontrollfragen überprüft werden.

Die grundlegenden Änderungen zur Konzernrechnungslegung nach handelsrechtlichem und internationalem Recht wurden berücksichtigt, ebenso wie die Neuerungen durch das DRS.

Inhaltsverzeichnis

Abkürzungsverzeichnis

A	Aktiva
AG	Aktiengesellschaft
AktG	Aktiengesetz
Ant.	Anteile
ass.	assoziierten
Aufl.	Auflage
Aufw.	Aufwand
AV	Anlagevermögen
b.	beherrschende
Beteilig.	Beteiligungen
betr.	betrieblicher
BGB	Bürgerliches Gesetzbuch
BilMoG	Bilanzrechtsmodernisierungsgesetz
DRS	Deutscher Rechnungslegungsstandard
DRSC	Deutsches Rechnungslegungs Standards Committee
EK	Eigenkapital
EU	Europäische Union
FE	Fertige Erzeugnisse
FK	Fremdkapital
Ford.	Forderungen
GE	Geldeinheiten
gg.	gegen
ggf.	gegebenenfalls
ggü.	gegenüber
GKV	Gesamtkostenverfahren
GmbH	Gesellschaft mit beschränkter Haftung
GoF	Geschäfts- oder Firmenwert
GU	Gemeinschaftsunternehmen

GuV	Gewinn- und Verlustrechnung
HB	Handelsbilanz
HGB	Handelsgesetzbuch
HK	Herstellungskosten
IAS	International Accounting Standards
IFRS	International Financial Reporting Standards
i. H. v.	in Höhe von
i. S. d.	im Sinne des
i. V. m.	in Verbindung mit
JÜ	Jahresüberschuss
KG	Kommanditgesellschaft
KGaA	Kommanditgesellschaft auf Aktien
Mio.	Millionen
MU	Mutterunternehmen
n.	nicht
P	Passiva
PublG	Publizitätsgesetz
RAP	Rechnungsabgrenzungsposten
sonst.	sonstige(s/r)
stL	stille Last(en)
stR	stille Reserve(n)
TU	Tochterunternehmen
UB	Unterschiedsbetrag
UKV	Umsatzkostenverfahren
UN	Unternehmen
UV	Umlaufvermögen
Verbindl.	Verbindlichkeiten
verbl.	verbleibender
ZWG	Zwischengewinn
ZWV	Zwischenverlust

1 Konzern und Konzernabschluss

1.1 Begriff und Bedeutung des Konzernabschlusses

Das HGB definiert den Begriff „Konzern“ nicht. Jedoch gibt § 18 AktG Hinweise darauf, was unter einem **Konzern und Konzernunternehmen** zu verstehen ist. Demnach kann von einem Konzern gesprochen werden, wenn „ein herrschendes und ein oder mehrere abhängige Unternehmen“ unter einer einheitlichen Leitung des herrschenden Unternehmens zusammengefasst sind. Die damit verbundenen Unternehmen nennt man Konzernunternehmen.

Definition Konzern

Konzern ist die Zusammenfassung mehrerer rechtlich unabhängiger Unternehmen unter einheitlicher Leitung bzw. unter dem beherrschenden Einfluss einer Obergesellschaft (Mutterunternehmen). Zwischen den Konzernunternehmen besteht dabei eine wirtschaftliche und finanzielle Abhängigkeit. Rechtlich sind die Konzernunternehmen selbständig.

Der Konzern ist ein Unternehmenskonstrukt, welches **keine eigene Rechtspersönlichkeit** besitzt. Es ist somit eine Fiktion und verfügt über **keine Konzernorgane**. Aus dieser Fiktion heraus geht **kein eigenständiger Abschluss** hervor. Dementsprechend wird der Konzernabschluss aus den Einzelabschlüssen der einbezogenen Konzernunternehmen abgeleitet.

Allein die Einzelabschlüsse der zum Konzern gehörenden Unternehmen genügen nicht, um die wirtschaftliche Lage des Konzerns und der Konzernunternehmen zu beurteilen. Die eingeschränkte Aussagekraft der Einzelabschlüsse hat unterschiedliche Gründe[1]:

---

1 Vgl. Gräfer, H.; Scheld, G.: Grundzüge der Konzernrechnungslegung, 13., neu bearbeitete Aufl., Berlin 2016, S. 3-4.

- Konzernunternehmen müssen sich bei wesentlichen Fragen nach den Entscheidungen der Mutter richten und sind deshalb nicht unabhängig.
- Die wirtschaftliche Entwicklung der Einzelunternehmen hängt vom Gesamtkonzern ab.
- Die einfache Addition der Einzelabschlüsse von Aktiv- und Passivposten bzw. GuV-Posten führt aufgrund von konzerninterne Verflechtungen zu Doppelerfassungen.
- Es besteht eine eingeschränkte Aussagefähigkeit der Einzelabschlüsse z. B. durch Gewinnverlagerungen und Gewinnabschöpfungen oder Verlagerung liquider Mittel zwischen den Konzernunternehmen.
- Durch unterschiedliche Rechtsformen der Konzernunternehmen ist der Zugang zu Informationen nur teilweise vorhanden.

Gemäß § 297 Abs. 2 Satz 2 ff. HGB wird daher vom Konzernabschluss verlangt, dass dieser „ein den tatsächlichen Verhältnissen entsprechendes Bild der Vermögens-, Finanz-, und Ertrags-Lage“ vermitteln soll (**Generalnorm**). Ziel ist es hierbei, die einbezogenen Unternehmen so darzustellen, als ob diese „ein einziges Unternehmen wären“ (**Einheitsgrundsatz**). Der Konzernabschluss ergänzt lediglich den Einzelabschluss, er ersetzt ihn nicht.

Das HGB verweist bezüglich der Konzernrechnungslegung ebenfalls auf die Vorschriften für den Einzelabschluss von Kapitalgesellschaften (§ 298 Abs. 1 HGB). Demnach dürfen die genannten Paragraphen auch für den Konzernabschluss verwendet werden, wenn „seine **Eigenart** keine Abweichung bedingt“ oder innerhalb des HGB nichts anderes festgelegt ist.

Dennoch gilt es, die **unterschiedliche Konzeption und Zwecksetzung** von Einzelabschluss und Konzernabschluss zu beachten. Im Gegensatz zum Einzelabschluss hat der Konzernabschluss eine **reine Informationsfunktion**[2]:

---

[2] Vgl. Gräfer, H.; Scheld, G.: Grundzüge der Konzernrechnungslegung, 13., neu bearbeitete Aufl., Berlin 2016, S. 5-6.

- Bereitstellung entscheidungsrelevanter Informationen für interne Adressaten (Konzernleitung), um darauf basierend Entscheidungen zu treffen.
- Bereitstellung entscheidungsrelevanter Informationen für externe Adressaten (Anleger, Gläubiger, Öffentlichkeit, Mitarbeiter etc.) zu Rechenschaftszwecken, für Bonitätseinschätzungen und zur Erleichterung von Anlageentscheidungen.

Anders als der Einzelabschluss hat der Konzernabschluss **keine Ausschüttungsbemessungsfunktion** und stellt **keine Grundlage für Gläubigeransprüche** dar, da der Konzern keine eigene Rechtsperson ist. Außerdem hat der Konzernabschluss **keine Bedeutung für die Quantifizierung steuerlicher Bemessungsgrundlagen.**

1.2 Bestandteile des Konzernabschlusses

Die Bestandteile des Konzernabschlusses können § 297 Abs. 1 HGB entnommen werden. Demnach besteht dieser aus der Konzernbilanz, der Konzern-Gewinn- und Verlustrechnung, dem Konzernanhang, der Kapitalflussrechnung und dem Eigenkapitalspiegel. Die Erstellung einer Segmentberichterstattung ist freiwillig. Ergänzend zum Konzernabschluss ist ein **Konzernlagebericht** anzufertigen (§ 290 Abs. 1 Satz 1 HGB). Die einzelnen Bestandteile sind in folgender Tabelle aufgelistet:

Tab. 1: Bestandteile des Konzernabschlusses nach HGB

Bestandteile	Inhalt	Muss/Optional
Konzernbilanz	Analog zum Einzelabschluss mit konzernspezifischen Besonderheiten	Muss
Konzern-GuV	Analog zum Einzelabschluss mit konzernspezifischen Besonderheiten	Muss
Konzernanhang	§§ 313, 314 HGB	Muss
Kapitalflussrechnung	DRS 21	Muss
Eigenkapitalspiegel	DRS 22	Muss
Segmentberichterstattung	DRS 3	Optional
Konzernlagebericht	§ 315 HGB, DRS 20	Muss

Kapitalgesellschaften müssen bei Erfüllung bestimmter Merkmale nach § 315b Abs. 1 HGB den Konzernlagebericht um eine **nichtfinanzielle Konzernerklärung** ergänzen. Eine Befreiung von dieser Pflicht ist unter bestimmten Voraussetzungen möglich (§ 315b Abs. 2 und 3 HGB). § 315c Abs. 1 HGB verweist bezüglich des Inhalts der nichtfinanziellen Konzernerklärung auf § 289c HGB.

Zudem müssen Mutterunternehmen, welche börsennotierte Aktiengesellschaften oder börsennotierte Kommanditgesellschaften auf Aktien sind, gemäß § 315d HGB eine **Erklärung zur Unternehmensführung** erstellen und diese gesondert im Konzernanhang aufnehmen. § 289f Abs. 2 HGB gibt den Inhalt zur Erklärung wieder.

1.3 Vorgehensweise zur Erstellung des Konzernabschlusses

Die Erstellung des Konzernabschlusses kann grundsätzlich in drei Schritte unterteilt werden:

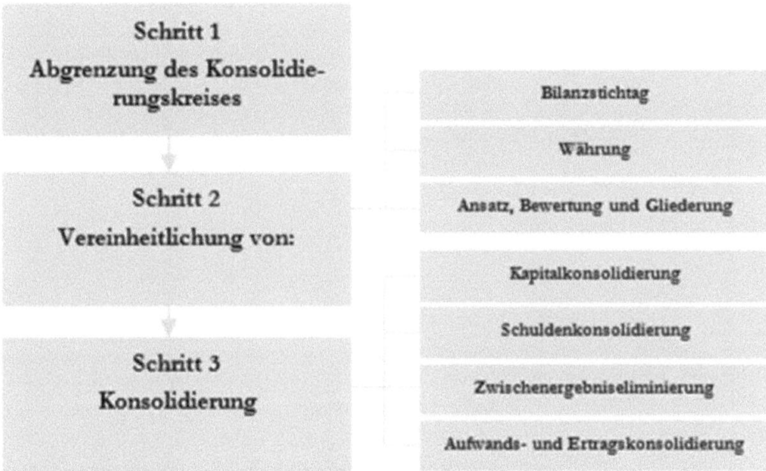

Abb. 1: Schritte zur Erstellung des Konzernabschlusses

Zunächst muss geprüft werden, für welche Mutterunternehmen eine Konzernrechnungslegungspflicht besteht und welche Unternehmen in den Konzernabschluss mit einbezogen werden (Schritt 1).

Bevor die Einzelabschlüsse (**HB I**) der einbezogenen Unternehmen zu einem Konzernabschluss zusammengefasst werden können, muss eine Vereinheitlichung nach den **konzerneinheitlichen Bilanzierungsgrundsätzen** erfolgen. Das Ergebnis der Vereinheitlichung ist die **Handelsbilanz II** (**HB II**) (Schritt 2).

Nachdem die HB II aller Konzernunternehmen horizontal zu einem **Summenabschluss** aufaddiert wurden, erfolgt im finalen Schritt die **Konsolidierung**[3]. Mit der Konsolidierung erfolgt die

---

[3] Näheres zur Konsolidierung in Abschnitt 4.1.

Betrachtung der Zusammenhänge aus den Einzelabschlüssen der einbezogenen Unternehmen aus Sicht des Konzerns. Konzerninterne Geschäfte sind dabei zu eliminieren. Das Ergebnis der Konsolidierung ist der **Konzernabschluss** (Schritt 3).

1.4 Unterschiede zu den IFRS

Der IFRS-Konzernabschluss basiert ebenfalls auf dem **Einheitsgrundsatz**. Ziel des IFRS-Abschlusses ist es, den Adressaten möglichst viele Informationen zu liefern. Somit dient der Konzernabschluss auch hier ausschließlich **Informationszwecken** und soll dabei eine *fair presentation* bieten.

Der Konzernabschluss muss nach IAS 1.10 aus einer Bilanz, einer Gesamtergebnisrechnung, einer Kapitalflussrechnung, einer Eigenkapitalveränderungsrechnung (*statement of changes in equity*) und einem Anhang (*notes*) bestehen. Sofern rückwirkende Anpassungen durchgeführt worden sind, ist ebenfalls die Eröffnungsbilanz der frühesten Vergleichsperiode zu ergänzen. Kapitalmarktorientierte Unternehmen müssen zusätzlich eine Segmentberichterstattung erstellen (IFRS 8). Die Erstellung eines Lageberichts wird empfohlen, ist jedoch keine Pflicht. Für deutsche Mutterunternehmen, die ihren Konzernabschluss gemäß internationaler Rechnungslegung erstellen, gilt die Befreiung von der Pflicht zur Erstellung eines Konzernlageberichtes <u>nicht</u> (§ 315e Abs. 1 HGB).

Kontrollfragen

(1) Was ist ein Konzern?

(2) Wieso reichen die Einzelabschlüsse der einbezogenen Unternehmen nicht aus, um die wirtschaftliche Lage des Konzerns einzuschätzen?

(3) Wer sind die Adressaten des Konzernabschlusses?

(4) Welchen Zweck erfüllt der Konzernabschluss nach HGB?

(5) Aus welchen Bestandteilen besteht der Konzernabschluss – gibt es zum Inhalt der Bestandteile gesetzliche Regelungen/Empfehlungen vom DRSC?

(6) Welche Schritte sind zur Erstellung des Konzernabschlusses notwendig?

2 Abgrenzung des Konsolidierungskreises

2.1 Stufenkonzeption nach HGB

Inwiefern das untergeordnete Unternehmen im Konzernabschluss berücksichtigt werden muss, ist gemäß der Stufenkonzeption vom **Grad der Einflussnahme des Mutterunternehmens** abhängig. Die folgende Abbildung 2 gibt einen Überblick über die Einbeziehungsformen und die Art der Beziehung vom untergeordneten Unternehmen zum Mutterunternehmen.

2.1.1 Verbundene Unternehmen

Unter **verbundenen Unternehmen** wird das in § 290 HGB beschriebene **Mutter-Tochter-Verhältnis** verstanden. Gekennzeichnet wird die Beziehung durch den **beherrschenden Einfluss** (vgl. Abschnitt 2.2.1). Die Einflussnahme des Mutterunternehmens ist hier am größten. Verbundene Unternehmen gehören zum **Konsolidierungskreis im engeren Sinn**. Sie werden im Rahmen der **Vollkonsolidierung** in den Konzernabschluss einbezogen.

Definition Vollkonsolidierung

Vollkonsolidierung bedeutet, dass alle Vermögensgegenstände und Schulden sowie alle Aufwendungen und Erträge vollständig in den Konzernabschluss übernommen werden, auch wenn die Beteiligungsquote unter 100 % liegt.

Falls nicht von einem beherrschenden Einfluss gesprochen werden kann, ist zu prüfen, ob ggf. ein maßgeblicher Einfluss vorliegt und somit die Equity-Methode zur Anwendung kommt. Der Einsatz der Quotenkonsolidierung ist auszuschließen, da ein Tochterunternehmen nicht gleichzeitig ein Gemeinschaftsunternehmen sein kann.[4]

[4] Näheres zu Gemeinschaftsunternehmen und zur Quotenkonsolidierung vgl. Kapitel 2.1.2 und 4.6. sowie zur Equity-Methode vgl. Kapitel 2.1.3 und 4.7.

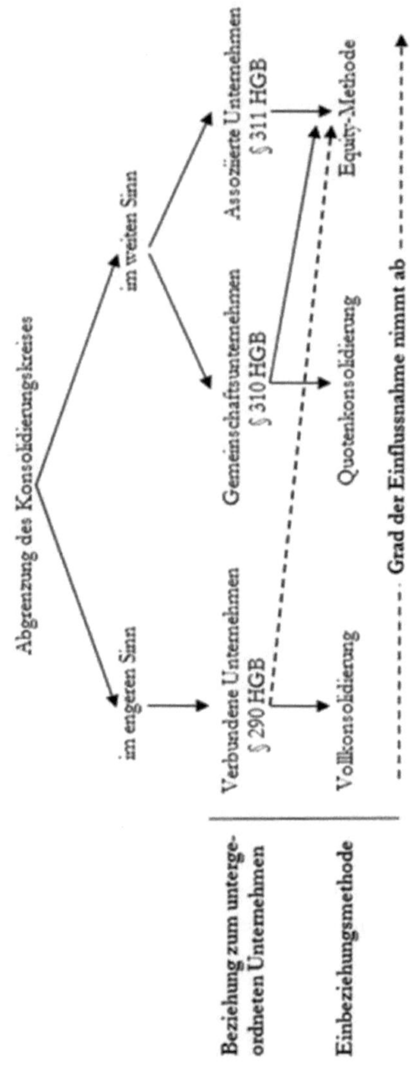

Abb. 2: Überblick zur Stufenkonzeption nach HGB

2.1.2 Gemeinschaftsunternehmen

Ein Unternehmen ist dann ein **Gemeinschaftsunternehmen**, wenn ein in den Konzernabschluss einbezogenes Mutter- oder Tochterunternehmen dieses Unternehmen gemeinsam mit einem oder mehreren anderen (konzernfremden) Unternehmen führt. Das Kriterium hierfür ist die **gemeinschaftliche Führung**. Wann eine gemeinschaftliche Führung vorliegt, wird im Gesetz nicht definiert. Gemäß § 310 HGB dürfen Gemeinschaftsunternehmen wahlweise auf Grundlage der **Quotenkonsolidierung** (vgl. Abschnitt 4.6) oder der Equity-Methode in den Konzern einbezogen werden. Das Wahlrecht kann nach HGB für jedes Gemeinschaftsunternehmen individuell ausgeübt werden. Nach IFRS hingegen muss das Wahlrecht einheitlich ausgeübt werden.

Definition Quotenkonsolidierung

Bei der Quotenkonsolidierung werden die Posten des Jahresabschlusses entsprechend der Beteiligungsquote des Gemeinschaftsunternehmens in den Konzernabschluss übernommen.

Gemeinschaftsunternehmen gehören zum **Konsolidierungskreis im weiten Sinne**.

2.1.3 Assoziierte Unternehmen

Unter einem **assoziierten Unternehmen** wird ein nicht in den Konzernabschluss einbezogenes Unternehmen verstanden, auf dessen Geschäfts- und Finanzpolitik ein in den Konzernabschluss einbezogenes Unternehmen einen **maßgeblichen Einfluss** ausübt und gleichzeitig eine Beteiligung nach § 271 Abs. 1 HGB hält (§ 311 HGB). Ein solcher maßgeblicher Einfluss wird vermutet, wenn mindestens 20 % der Stimmrechte gehalten werden. Beteiligungen an assoziierten Unternehmen sind in der Konzernbilanz gesondert auszuweisen und nach der **Equity-Methode** zu bewerten (vgl. Kapitel 4.7).

Definition Equity-Methode

Die Bewertung „*at equity*" von assoziierten Unternehmen besagt nichts anderes, als dass die Beteiligung stets nach Maßgabe des auf die Beteiligung entfallenden Betrages des Eigenkapitals des assoziierten Unternehmens, d. h. spiegelbildlich bewertet wird.

Assoziierte Unternehmen sind ebenfalls Teil des **Konsolidierungskreises im weiten Sinne**.

2.1.4 Sonstige Unternehmen

Im Falle, dass zuletzt die Equity-Methode nicht angewendet werden kann, müssen im Konzernabschluss – wie im Einzelabschluss auch – Beteiligungen mit den **Anschaffungskosten** unter Berücksichtigung von außerplanmäßigen Abschreibungen angesetzt werden (§ 271 Abs. 1 HGB).

2.2 Konzernrechnungslegungspflicht

Die Konzernrechnungslegungspflicht ist in § 290 HGB geregelt. Demnach müssen folgende Voraussetzungen für die Erstellung eines Konzernabschlusses und -lageberichts gegeben sein:

- Das Mutterunternehmen ist eine **Kapitalgesellschaft oder Personenhandelsgesellschaft i. S. d. § 264a Abs. 1 HGB**. Die Rechtsform der Tochterunternehmen ist dabei unerheblich. Die Konzernrechnungslegungspflicht für Nicht-Kapitalgesellschaften regelt hingegen §§ 11 ff. PublG. Demnach besteht die Pflicht zur Aufstellung für Nicht-Kapitalgesellschaften, falls für drei aufeinander folgende Bilanzstichtage mindestens zwei der drei folgenden Kriterien vorliegen:

  Tab. 2: Größenkriterien nach § 11 PublG

Konzernbilanzsumme	Konzernumsatzerlöse	Konzernarbeitnehmer
› 65 Mio. €	› 130 Mio. €	› 5.000

  Die nachstehenden zwei Voraussetzungen gelten auch für Nicht-Kapitalgesellschaften (§ 11 Abs. 1 PublG).

- Das Mutterunternehmen hat seinen **Sitz im Inland**. Der Sitz der Tochterunternehmen ist nicht relevant, denn es gilt das **Weltabschlussprinzip.** Das heißt, dass alle Töchter einzubeziehen sind – unabhängig davon, ob sich das Tochterunternehmen im In- oder Ausland befindet (§ 294 Abs. 1 HGB).
- Es liegt mindestens ein **Mutter-Tochter-Verhältnis** vor, bei welchem die Mutter die Möglichkeit besitzt, direkt oder indirekt einen **beherrschenden Einfluss** auf die Tochterunternehmen auszuüben. Der beherrschende Einfluss basiert auf dem sogenannten **Control-Konzept** (vgl. Kapitel 2.2.1). Somit gilt die Pflicht zur Konzernrechnungslegung nur für Unterordnungskonzerne, nicht aber für Gleichordnungskonzerne[5].

---

[5] Vgl. Baetge, J.; Kirsch, H.-J.; Thiele, S.: Konzernbilanzen, 11., überarbeitete Aufl., Düsseldorf 2015, S. 88.

Um den Konzernabschluss überhaupt erstellen zu können, sind Informationen von Seiten der Tochterunternehmen notwendig. Deswegen verlangt § 294 Abs. 3 HGB vom Tochterunterunternehmen, die für die Erstellung des Konzernabschlusses benötigen Informationen *unverzüglich* der Mutter vorzulegen. Auch auf Nachfrage.

Der Konzernabschluss und -lagebericht für das vergangene Konzerngeschäftsjahr sind vom **gesetzlichen Vertreter des Mutterunternehmens** in den **ersten fünf Monaten des laufenden Konzerngeschäftsjahres** zu erstellen. Für kapitalmarktorientierte Kapitalgesellschaften gilt eine Frist von **vier Monaten** (§ 290 Abs. 1 HGB). Zudem muss der Konzernabschluss von Wirtschaftsprüfern oder Wirtschaftsprüfungsgesellschaften geprüft (soweit die Prüfungspflicht gem. § 316 HGB) und spätestens **zwölf Monate nach Ende des Konzerngeschäftsjahres** offengelegt werden (§§ 319, 325 HGB). Für kapitalmarktorientierte Kapitalgesellschaften verkürzt sich die Frist hinsichtlich der Offenlegung auf **vier Monate** (§ 325 Abs. 4 HGB).

2.2.1 Control-Konzept

Die Tatbestände, wann nach dem Control-Konzept von einem beherrschenden Einfluss gesprochen werden kann, ergeben sich aus § 290 Abs. 2 HGB. Diese sind jedoch nicht abschließend (DRS 19.16).

Es reicht aus, wenn eines der folgenden Tatbestände nach § 290 Abs. 2 HGB erfüllt ist:

- Das Mutterunternehmen verfügt über die **Mehrheit der Stimmrechte**.
- Das Mutterunternehmen verfügt über ein **Organbestellungsrecht**.
- Das Mutterunternehmen verfügt über ein Beherrschungsrecht aufgrund eines Vertrags oder einer Satzung.

- Das Mutterunternehmen übernimmt die Mehrheit der **Risiken und Chancen** eines Unternehmens (**Zweckgesellschaft**).

Dabei kommt es nicht darauf an, dass der beherrschende Einfluss tatsächlich ausgeübt wird, sondern es genügt die Tatsache, dass ein beherrschender Einfluss ausgeübt werden kann (DRS 19.10).

2.2.2 Tannenbaumprinzip

In mehrstufigen Konzernen existieren Tochterunternehmen, die wiederum Mutterunternehmen von anderen Tochterunternehmen sind. Folgende Abbildung verdeutlicht solch eine Konzernstruktur:

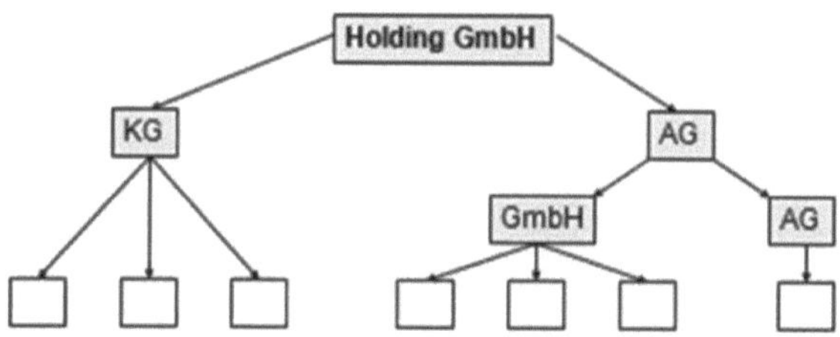

Abb. 3: Darstellung eines mehrstufigen Konzerns

Grundsätzlich gilt, dass jedes inländische Mutterunternehmen unabhängig von seiner eigenen Stellung innerhalb eines Konzerns einen **(Teil-)Konzernabschluss** unter Einbeziehung seiner unmittelbaren und mittelbaren Tochterunternehmen aufstellen, prüfen und offenlegen muss. Die Verpflichtung zur Erstellung eines Teilkonzernabschlusses wird auch als **Tannenbaumprinzip** bezeichnet. Dieser soll den ev. Minderheitsgesellschaftern zusätzliche Informationen bieten. Ob der Nutzen des Teilkonzernabschlusses die Kosten tatsächlich übersteigt, wird bezweifelt[6], weswegen das Gesetz Möglichkeiten zur Pflichtbefreiung hinsichtlich der Erstellung eines Teilkonzernabschlusses bietet (vgl. Kapitel 2.3).

---

[6] Vgl. Baetge, J.; Kirsch, H.-J.; Thiele, S.: Konzernbilanzen, 11., überarbeitete Aufl., Düsseldorf 2015, S. 101.

2.3 Befreiung von der Pflicht zur Konzernrechnungslegung

Unter bestimmten Voraussetzungen kann die Pflicht zur Erstellung eines (Teil-)Konzernabschlusses entfallen. Hierfür muss eines der vier folgenden Kriterien erfüllt sein:

- Das übergeordnete Mutterunternehmen in der Konzernstruktur erstellt einen **befreienden Konzernabschluss**. Somit kommt das Tannenbaumprinzip nicht zur Anwendung und der Teilkonzernabschluss entfällt. Dabei wird unterschieden, ob das übergeordnete Mutterunternehmen seinen Sitz im Inland/innerhalb der EU oder außerhalb der EU hat. Damit die befreiende Wirkung eintritt, muss das übergeordnete Mutterunternehmen bei der Erstellung des Konzernabschlusses einige Anforderungen erfüllen. Die Anforderungen regelt § 291 HGB bzw. § 292 HGB.

  Die Aufstellung eines Teilkonzernabschlusses kann von Minderheitsgesellschaftern nach § 291 Abs. 3 Nr. 2 HGB trotzdem verlangt werden, sofern diesen mindestens 10 % der Aktionäre einer AG oder KGaA bzw. mindestens 20 % der GmbH-Gesellschafter beantragen. Der Antrag hierfür muss spätestens sechs Monate vor Ende des Konzerngeschäftsjahres erfolgen. Diese Ausnahmeregelung soll einen Schutz für Minderheitsgesellschafter bieten[7].

  Für Unternehmen, die kapitalmarktorientiert sind, hat der Konzernabschluss der übergeordneten Mutter <u>keine</u> befreiende Wirkung.

- Es liegt eine **größenabhängige Befreiung** vor. Nach § 293 Abs. 1 HGB muss ein Mutterunternehmen keinen Konzernabschluss aufstellen, wenn auf zwei aufeinander folgenden Bilanzstichtagen mindestens zwei der drei folgenden Merkmale vorliegen:

---

[7] Vgl. Baetge, J.; Kirsch, H.-J.; Thiele, S.: Konzernbilanzen, 11., überarbeitete Aufl., Düsseldorf 2015, S. 105.

Tab. 3: Kriterien für die größenabhängige Befreiung nach § 293 HGB

	Bruttomethode	Nettomethode
Bilanzsumme (Mio. €)	≤ 24,0	≤ 20,0
Umsatzerlöse (Mio. €)	≤ 48,0	≤ 40,0
Arbeitnehmer	≤ 250	≤ 250

Bei der Bruttomethode ermitteln sich die Bilanzsumme und die Umsatzerlöse dadurch, dass die Einzelbilanzen aller einzubeziehenden Unternehmen addiert werden (Summenbilanz). Bei der Nettomethode ist es hingegen nötig, ein Probekonzernabschluss inklusive aller einzubeziehenden Unternehmen zu erstellen. Die geringere Bilanzsumme und Umsatzerlöse bei dieser Methode resultieren daher, dass hier alle konzerninternen Verflechtungen eliminiert wurden. Es steht dem Mutterunternehmen frei zu entscheiden, welche Methode gewählt wird. Für kapitalmarktorientierte Unternehmen gilt die größenabhängige Befreiung *nicht*.

- Das Mutterunternehmen muss einen **IFRS-Konzernabschluss nach § 315e HGB** erstellen. Damit entfällt die Pflicht, einen Konzernabschluss nach nationalem Recht aufzustellen. Für Mutterunternehmen, die kapitalmarktorientiert sind, besteht eine Pflicht zur Erstellung eines Konzernabschlusses nach internationalen Rechnungslegungsstandards. Für Unternehmen ohne Kapitalmarktorientierung gibt es ein Wahlrecht (§ 315e Abs. 3 HGB). Für Unternehmen, die nach dem PublG ebenfalls zur Konzernrechnungslegung verpflichtet sind, gilt § 315e HGB analog.
- Das Mutterunternehmen verfügt gemäß § 290 Abs. 5 HGB nur über Tochterunternehmen, die aufgrund der **Wahlrechte nach § 296 HGB** nicht konsolidiert werden müssen (vgl. Kapitel 2.4). Trotzdessen muss hier geprüft werden, ob die Tochterunternehmen nach der Equity-Methode zu bilanzieren sind[8].

---

[8] Vgl. Baetge, J.; Kirsch, H.-J.; Thiele, S.: Konzernbilanzen, 11., überarbeitete Aufl., Düsseldorf 2015, S. 123.

2.4 Konsolidierungswahlrechte

Gemäß dem Weltabschlussprinzip müssen neben dem Mutterunternehmen grundsätzlich alle Tochterunternehmen unabhängig vom Sitz konsolidiert werden (§ 294 Abs. 1 HGB). Unter bestimmten Voraussetzungen, die in § 296 Abs. 1 und 2 HGB geregelt sind, kann ein **Wahlrecht** für den Einbezug von Tochterunternehmen in den Konsolidierungskreis bestehen:

- Die **Rechte** des Mutterunternehmens sind **erheblich und dauernd beschränkt**, wodurch die Einflussnahme auf das Vermögen und die Geschäftsführung der Tochterunternehmen nachhaltig nicht mehr möglich ist.

  Typische Beispiele aus dem DRS 19.82 sind:
  - eingeleitete Insolvenzverfahren,
  - vertragliche oder satzungsmäßige Einschränkung der Stimmrechte,
  - eingeschränkte Verfügungsgewalt über Vermögen und Kapital durch drohende Verstaatlichung im Ausland.

  Eine Beschränkung der Transferierbarkeit eines Tochterunternehmens, Umweltschutzauflagen oder kartellrechtliche Beschränkungen reichen dabei nicht aus (DRS 19.82).

- Das Anfordern der notwendigen Informationen zur Konzernabschlusserstellung ist für das Mutterunternehmen mit **unverhältnismäßig hohen Kosten oder Verzögerungen** verbunden.

  Typische Beispiele aus dem DRS 19.91 sind:
  - Katastrophen wie Zusammenbruch der Datenverbindung, Brand, politische Behinderungen.

- Das Mutterunternehmen beabsichtigt von Beginn an die **Weiterveräußerung** der Anteile vom Tochterunternehmen.
- Für die Vermittlung eines den tatsächlichen Verhältnissen entsprechenden Bildes der Vermögens-, Finanz- und Ertragslage des Konzerns ist der Einbezug des Tochterunternehmens

von **untergeordneter Bedeutung**. Ab wann der Einbezug unwesentlich ist, wird im Gesetz nicht geregelt. Die Entscheidung liegt bei den Unternehmen. Oft werden als Maßstab jedoch Veränderungen bestimmter quantitativer Größen wie z. B. Kennzahlen genutzt[9]. Betrifft das mehrere Tochterunternehmen, sind für die Entscheidung der Wesentlichkeit alle Tochterunternehmen im Ganzen zu betrachten.

Bei Anwendung der Konsolidierungswahlrechte muss dies im **Konzernanhang** angegeben und begründet werden (§ 296 Abs. 3 HGB), da eine Ausübung des Wahlrechts eine Veränderung des Konsolidierungskreises zur Folge hat und somit kein Vergleich mit Vorperioden möglich wäre. Aufgrund des **Stetigkeitsgrundsatzes** (vgl. Kapitel 2.5) muss dieses bei Ausübung eines Wahlrechts in den Folgejahren beibehalten werden. Eine Abweichung davon kann nur bei Änderung einer der oben dargestellten Sachverhalte erfolgen.

[9] Vgl. Baetge, J.; Kirsch, H.-J.; Thiele, S.: Konzernbilanzen, 11., überarbeitete Aufl., Düsseldorf 2015, S. 120.

2.5 Konsolidierungsgrundsätze

Im Rahmen der Konsolidierung sind einige Grundsätze zu beachten, die eine Basis für die Vorgehensweise bei der Konzernbilanzierung bilden:

- **Grundsatz der Vollständigkeit**

  Der Grundsatz besagt zum einen, dass alle Jahresabschlussposten **vollständig** in den Konzernabschluss aufzunehmen sind. Die Bilanzierungsverbote und -gebote sind dabei einzuhalten (§ 300 Abs. 2 Satz 1 HGB). Zum anderen muss der Konsolidierungskreis **vollständig** sein. Unter Beachtung des Weltabschlussprinzips sind das Mutterunternehmen und alle in- und ausländischen Tochterunternehmen in den Konzernabschluss mit aufzunehmen.

- **Grundsatz der Stetigkeit**

  Nach diesem Grundsatz sind alle Ansatz-, Ausweis-, Bewertungs-, und Konsolidierungsgrundsätze grundsätzlich **beizubehalten**, um eine Vergleichbarkeit der Konzernabschlüsse im Zeitablauf zu ermöglichen. In Ausnahmefällen kann davon abgewichen werden, dieses ist dann im Konzernanhang anzugeben (§ 297 Abs. 3 HGB).

- **Grundsatz der Wirtschaftlichkeit und Wesentlichkeit**

  Gemäß diesem Grundsatz muss ein **angemessenes Verhältnis** zwischen dem Nutzen des Konzernabschlusses und den Kosten bestehen. Hierfür gelten jedoch keine allgemeingültigen Maßstäbe, sondern es handelt sich um Entscheidungen im Einzelfalle[10].

Zudem gibt es **Bilanztheorien**, die die grundsätzliche Vorgehensweise der Konzernbilanzierung stützen. Dabei setzten sich insbesondere zwei Theorien zur Konzernrechnungslegung in der Praxis durch: Die **Einheitstheorie** und die **Interessentheorie**.

---

[10] Vgl. Gräfer, H.; Scheld, G.: Grundzüge der Konzernrechnungslegung, 13., neu bearbeitete Aufl., Berlin 2016, S. 130.

2.5.1 Einheitstheorie

Nach der Einheitstheorie werden alle Unternehmen trotz rechtlicher Selbständigkeit als **wirtschaftliche Einheit** dargestellt. Alle Aktionäre am Konzern – also sowohl Mehrheitsaktionäre als auch Minderheitsaktionäre – sind **gleichberechtigt** und werden als Eigenkapitalgeber gesehen. Aus der Einheitstheorie folgt die Notwendigkeit, alle Tochterunternehmen unabhängig der Beteiligungsquote vollständig in den Konzernabschluss einzubeziehen (**Vollkonsolidierung**). Die Anteile der Minderheitsgesellschafter werden innerhalb des Eigenkapitals gesondert ausgewiesen.

2.5.2 Interessentheorie

Die Interessentheorie sieht den Konzern nicht als wirtschaftliche Einheit. Der Konzernabschluss erweitert lediglich den Abschluss der Obergesellschaft und dient als weiteres Informationsinstrument für die Mehrheitsaktionäre. Dementsprechend werden Minderheitsaktionäre als **Konzernfremde** angesehen und sind den Mehrheitsaktionären **nicht gleichgestellt**. Folglich sollen die Vermögensgegenstände und Schulden entsprechend der Beteiligungsquote in die Konzernbilanz übernommen werden (**Quotenkonsolidierung**).

Die deutsche Konzernrechnungslegung kann **nicht eindeutig** einer Theorie zugeordnet werden, da sie sowohl Züge der Einheitstheorie als auch einige interessentheoretische Ansätze aufweist[11].

---

[11] Vgl. Küting, K.; Weber, C.: Der Konzernabschluss, 13. Aufl., Stuttgart 2012, S. 95.

2.6 Unterschiede zu den IFRS

Die Konzernrechnungslegungspflicht nach den IFRS ist im IFRS 10 geregelt und wird demnach auch an das **Mutter-Tochter-Verhältnis** geknüpft. Dabei sind der Sitz und die Rechtsform von Mutter- und Tochterunternehmen nicht relevant (Weltabschlussprinzip). Das Mutterunternehmen muss hierbei die **Möglichkeit zur Beherrschung** (*power to control*) besitzen. Entsprechende Kriterien für die Beherrschung sind in IFRS 10 geregelt.

Nach internationaler Rechnungslegung gibt es für Konzerne **keine größenabhängigen Befreiungen**. Für Tochterunternehmen, die gleichzeitig Mutterunternehmen sind, gilt ebenfalls das Tannenbaumprinzip. So können übergeordnete Mutterunternehmen, deren Sitz nach IFRS unerheblich ist, auch einen befreienden Konzernabschluss erstellen. Jedoch müssen die übrigen Aktionäre darüber informiert werden und dürfen bezüglich der Befreiung keinen Widerspruch erhoben haben. Weitere Möglichkeiten zur Befreiung von der Konzernrechnungslegung nach IFRS sind nicht explizit geregelt.

Konsolidierungswahlrechte nach IFRS sind nicht eindeutig festgelegt. Das Wahlrecht aufgrund untergeordneter Bedeutung kann gemäß dem *materiality principle* abgeleitet werden. Im Gegensatz zu § 296 Abs. 1 Nr. 3 HGB müssen nach IFRS 5 die Anteile eines Tochterunternehmens auch im Konzernabschluss berücksichtigt werden, im Falle dass diese lediglich zu Weiterveräußerungszwecken gehalten werden.

Die Konsolidierungsgrundsätze gelten **analog** auch für den IFRS-Konzernabschluss.

Zwar überwiegen die Vorschriften der Einheitstheorie im IFRS-Konzernabschluss, jedoch ist wie auch vereinzelt im Konzernabschluss nach HGB eine interessentheoretische Prägung vorhanden[12].

---

[12] Vgl. Küting, K.; Weber, C.: Der Konzernabschluss, 13. Aufl., Stuttgart 2012, S. 95.

Tochterunternehmen (*subsidiary*) müssen vollkonsolidiert werden. Des Weiteren sind laut IAS 28 Gemeinschaftsunternehmen (*joint ventures*) und assoziierte Unternehmen (*associates*) nach der Equity-Methode zu berücksichtigen. Alternativ können Gemeinschaftsunternehmen auch nach der Quotenkonsolidierung in den Konzernabschluss einbezogen werden (IAS 31). Wenn zuletzt auch nach IFRS kein maßgeblicher Einfluss (*significant influence)* vorliegt, ist die Beteiligung zum beizulegenden Zeitwert (*fair value*) nach IFRS 9 zu bewerten.

Kontrollfragen

(1) Wodurch kennzeichnet sich der beherrschende Einfluss aus?

(2) Was bedeutet das Weltabschlussprinzip?

(3) Stellen Sie Einheitstheorie und Interessentheorie gegenüber.

(4) Müssen Tochterunternehmen, die gleichzeitig Mutterunternehmen sind, ebenfalls einen Konzernabschluss erstellen?

(5) Unter welchen Voraussetzungen kann von einer Konzernrechnungslegungspflicht abgesehen werden? Nennen Sie die dazugehörigen Paragraphen.

(6) Müssen Tochterunternehmen, die zum Zwecke der Weiterveräußerung erworben wurden, konsolidiert werden?

(7) Nach welcher Methode werden verbundene Unternehmen/ Gemeinschaftsunternehmen/ assoziierte Unternehmen in den Konzernabschluss einbezogen?

3 Vereinheitlichung der Einzelabschlüsse

3.1 Überblick

Wie in Kapitel 1 erläutert, ist der Konzernabschluss eine Ableitung aus den Einzelabschlüssen der einbezogenen Konzernunternehmen. Die Einzelabschlüsse in ihrer Ursprungsform, welche **Handelsbilanz I** (**HB I**) genannt werden, können nicht einfach zusammengefasst werden. Damit die Einzelabschlüsse nach HB I für den Konzernabschluss verwendet werden können, müssen diese zunächst auf Basis der **konzerneinheitlichen Bilanzierungsregeln** vereinheitlicht werden. Ausschlaggebend sind immer die Vorgaben des Mutterunternehmens. Dieses gibt in der Regel konzerneinheitlichen Bilanzierungsregeln vor. Die Vereinheitlichung erfolgt im **zweiten Schritt** (vgl. Abschnitt 0) der Konzernabschlusserstellung und berücksichtigt folgende Punkte:

- **Vereinheitlichung von Bilanzstichtag,**
- **einheitlicher Bilanzansatz, Bewertung und Gliederung,**
- **Währungsumrechnung.**

Das Ergebnis der Anpassungsmaßnahmen ist dann die sogenannte **Handelsbilanz II** (**HB II**). Die HB II ist eine Vorstufe zum Konzernabschluss und gehört damit *nicht* unmittelbar zu den Konsolidierungsvorgängen. Aus den Handelsbilanzen II der Konzernunternehmen ergibt sich nach horizontaler Summation aller Abschlusspositionen die sogenannte **Summenbilanz**. Diese bildet die Basis für die **Konsolidierung**. Folgende Abbildung verdeutlicht das Vorgehen:

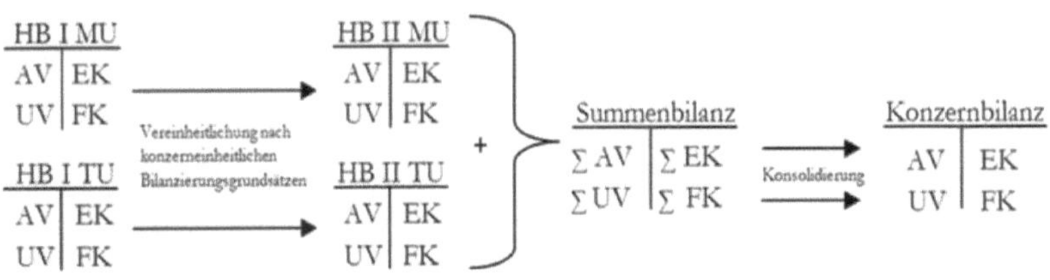

Abb. 4: Das Vorgehen bei der Vereinheitlichung bis zur Konzernbilanz[13]

---

[13] Eigene Darstellung in Anlehnung an: Steiner, E.; Orth, J.; Schwarzmann, W.: Konzernrechnungslegung nach HGB und IFRS, 1. Aufl., Stuttgart 2010, S.60.

3.2 Vereinheitlichung der Bilanzstichtage

Gemäß § 299 Abs. 1 HGB muss der Stichtag des Konzernabschlusses mit dem Stichtag des Einzelabschlusses des Mutterunternehmens *identisch* sein, da der Jahresabschluss des Mutterunternehmens die Basis für den Konzernabschluss bildet[14]. Grundsätzlich sollten die Einzelabschlüsse der Tochterunternehmen ebenfalls am Abschlussstichtag des Konzerns aufgestellt werden (§ 299 Abs. 2 Satz 1 HGB).

Ist der Fall gegeben, dass aus sachlichen Gründen der Abschlussstichtag eines Tochterunternehmens um **mehr als drei Monate vor dem Konzernabschlussstichtag** liegt, besteht die Pflicht einen **Zwischenabschluss** zum Abschlussstichtag des Konzerns zu erstellen. Dieser Zwischenabschluss muss formal und inhaltlich der Handelsbilanz II entsprechen[15].

Liegt der Abschlussstichtag nicht mehr als drei Monate vor dem Konzernabschlussstichtag, ist kein Zwischenabschluss notwendig. Jedoch müssen gemäß § 299 Abs. 3 HGB Sachverhalte, die auf der einen Seite von **besonderer Bedeutung** für die Vermögens-, Finanz- und Ertragslage eines in den Konzernabschluss einbezogenen Unternehmens sind und auf der anderen Seite zwischen dem Einzelabschluss des Tochterunternehmens sowie dem Abschlussstichtag des Konzernabschlusses eintraten, in der Konzernbilanz und der Konzern-GuV mittels **Nachbuchungen** berücksichtigt werden. Alternativ können im Konzernanhang Sachverhalte von besonderer Bedeutung angegeben werden.

---

[14] Vgl. Baetge, J.; Kirsch, H.-J.; Thiele, S.: Konzernbilanzen, 11., überarbeitete Aufl., Düsseldorf 2015, S. 135.

[15] Vgl. IDW (Hrsg.): WP Handbuch 2012, Band I, 14. Aufl., Düsseldorf 2012, Rn. M 158 S. 1451.

3.3 Einheitlichkeit von Bilanzansatz, Bewertung und Gliederung

§ 300 Abs. 2 Satz 1 HGB regelt bezüglich des **Ansatzes** der Konzernabschlussposten, dass die Vermögensgegenstände, Schulden und Rechnungsabgrenzungsposten sowie die Erträge und Aufwendungen, der in den Konzernabschluss einzubeziehenden Unternehmen – unabhängig von ihrer Berücksichtigung in den Einzelabschlüssen dieser Unternehmen – **vollständig** zu berücksichtigen sind. Vorausgesetzt, es bestehen nach dem Recht des Mutterunternehmens keine etwaigen Bilanzierungsverbote oder -wahlrechte.

Die **Bewertung** der nach § 300 Abs. 2 HGB übernommenen Vermögensgegenstände und Schulden der Konzernunternehmen muss sich nach den Methoden des Mutterunternehmens richten und **einheitlich** sein (§ 308 Abs. 1 Satz 1 HGB). Konkret bedeutet die einheitliche Bewertung, dass gleiche Sachverhalte nach derselben Methode bewertet werden müssen. Gleiche Sachverhalte liegen bei art- oder funktionsgleichen Vermögensgegenständen und Schulden und gleichen wertbestimmenden Bedingungen, wie z. B. Nutzungsbedingungen, vor[16]. Bei Vorliegen unterschiedlicher wertbestimmender Bedingungen, wie z.B. unterschiedliche Nutzungsdauern in unterschiedlichen Ländern aufgrund von lokalen Einflussfaktoren, ist die Anwendung von unterschiedlichen Bewertungsmethoden zulässig. Diese müssen aber sachlich begründet werden. Wenden die Tochterunternehmen andere Bewertungsmethoden als dic der Mutter an, müssen diese im Konzernanhang angegeben werden.

Insgesamt ist für den Ansatz und die Bewertung von Vermögen und Schulden somit das **Recht des Mutterunternehmens** maßgeblich.

---

[16] Vgl. Baetge, J.; Kirsch, H.-J.; Thiele, S.: Konzernbilanzen; 11., überarbeitete Aufl., Düsseldorf 2015, S. 147.

Die nach dem Recht der Mutter zulässigen Ansatz- und Bewertungswahlrechte können für den Konzernabschluss unabhängig von ihrer Ausübung im Einzelabschluss des Mutterunternehmens **neu ausgeübt** werden. So kann z. B. das Ansatzwahlrecht nach § 248 Abs. 2 Satz 1 HGB im Konzernabschluss angewendet werden, obwohl im Einzelabschluss der Mutter darauf verzichtet wurde. Dadurch entstehen Spielräume für eine eigene Konzernbilanzpolitik[17].

Von einer einheitlichen Bewertung kann abgewichen werden, wenn dies von **untergeordneter Bedeutung** ist (§ 308 Abs. 2 Satz 3 HGB) oder ein **Ausnahmefall** vorliegt (§ 308 Abs. 2 Satz 4 HGB). Sollte es sich um einen solchen Ausnahmefall handeln, muss dies im Konzernanhang angegeben und begründet werden.

Gemäß § 298 Abs. 1 HGB ist die Bilanz nach dem Gliederungsschema für große Kapitalgesellschaften nach § 266 HGB **analog** für die Konzernbilanz anzuwenden. Für die Konzern-GuV ist die Gliederungsvorschrift gemäß § 275 HGB vorgeschrieben. Auch hier existiert ein Wahlrecht zwischen dem Gesamtkostenverfahren und dem Umsatzkostenverfahren.

---

[17] Vgl. Baetge, J.; Kirsch, H.-J.; Thiele, S.: Konzernbilanzen; 11., überarbeitete Aufl., Düsseldorf 2015, S. 148.

3.4 Währungsumrechnung

Die Internationalisierung der Güter- und Kapitalmärkte führt dazu, dass viele deutsche Mutterunternehmen ausländische Tochterunternehmen haben. Diese Tochterunternehmen führen zum Teil ihre Geschäftsbücher in fremder Währung. Vom Gesetzgeber wird gemäß § 298 Abs. 1 i. V. m. § 244 HGB gefordert, dass der Konzernabschluss **in Euro** aufzustellen ist. Dementsprechend müssen in fremder Währung lautende Jahresabschlüsse anhand von Umrechnungskursen in Euro umgerechnet werden.

Welche Kurse bei der Umrechnung zur Anwendung kommen, regelt § 308a HGB. Demnach wird die Verwendung der **modifizierten Stichtagskursmethode** vorgeschrieben, bei der die Aktiv- und Passivposten einer auf fremder Währung lautenden Bilanz zum Devisenkassamittelkurs am Konzernabschlussstichtag umzurechnen ist. Von dieser Regel ausgenommen sind die Eigenkapitalposten, welche zum historischen Kurs in Euro umgerechnet werden. Die Posten der Gewinn- und Verlustrechnung sind zum Durchschnittskurs in Euro darzustellen.

Durch den Einsatz unterschiedlicher Wechselkurse bei der Währungsumrechnung entstehen **Umrechnungsdifferenzen** in der Bilanz und der GuV. Die Umrechnungsdifferenz ist **erfolgsneutral** nach den Rücklagen in den Posten „Eigenkapitaldifferenz aus Währungsumrechnung" in der Bilanz auszuweisen und berechnet sich folgendermaßen:

∑	**aller Aktiva bewertet mit Stichtagskursen**
./.	**Eigenkapital zu historischen Kursen**
./.	**Jahresüberschuss übernommen aus der GuV**
./.	**Fremdkapital bewertet mit Stichtagskursen**
=	**Eigenkapitaldifferenz aus Währungsumrechnung**

Bei teilweisem oder vollständigem Verkauf des Tochterunternehmens ist der Posten in entsprechender Höhe erfolgswirksam aufzulösen (§ 308a Satz 4 HGB).

Das nachfolgende stark vereinfachte Beispiel verdeutlicht das Vorgehen bei der Währungsumrechnung:

Es liegt eine auf US-Dollar lautende Bilanz und GuV eines amerikanischen Tochterunternehmens vor. Dabei wird angenommen, dass zwischen dem Jahresbeginn und Jahresende keine Kursschwankungen stattfinden, so dass sich der Durchschnittskurs als arithmetisches Mittel aus Anfangs- und Schlusskurs darstellt:

Historische Kurs = **Kurs zu Jahresbeginn**	**Kurs zu Jahresende**	**Durchschnittskurs**
1,50 $/€	1,20 $/€	1,35 $/€

A Bilanz zum 31.12 in $ P

Aktiva		Passiva	
Sachanlagen	300	EK	
Waren	60	▪ Sonstige EK	120
		▪ Jahresüberschuss	60
		Verbindlichkeiten	180
	360		360

GuV zum 31.12 in $

Umsatzerlöse	750
./. Materialaufwand	240
./. Personalaufwand	300
./. Zinsen	150
= Jahresüberschuss	60

A Bilanz zum 31.12 in € P

Aktiva		Passiva	
Sachanlagen	250	EK	
Waren	50	▪ Sonstige EK	80
		▪ Jahresüberschuss	45
		▪ EK-Differenz aus Währungsumrechnung	25
		Verbindlichkeiten	150
	300		300

GuV zum 31.12 in €

Umsatzerlöse	556
./. Materialaufwand	178
./. Personalaufwand	222
./. Zinsen	111
= Jahresüberschuss	45

Nebenrechnung:

∑ aller Aktiva bewertet mit Stichtagskursen	300
./. Eigenkapital zu historischen Kursen	80
./. Jahresüberschuss übernommen aus der GuV	45
./. Fremdkapital bewertet mit Stichtagskursen	150
= Eigenkapitaldifferenz aus Währungsumrechnung	25

Die Umrechnung der Bilanzposten – mit Ausnahme des Eigenkapitals – erfolgt mit dem Kurs am Bilanzstichtag von 1,20 $/€. So ergibt sich z. B. bei den Sachanlagen nach Umrechnung der Wert 250 € (300 $ / 1,20 $/€). Das sonstige Eigenkapital wird unter Zuhilfenahme des historischen Kurses (1,50 $/€) umgerechnet. Als Grundlage für die Umrechnung der GuV-Positionen dient der Durchschnittskurs von 1,35 $/€. Dabei ergibt sich nach Umrechnung der GuV ein Jahresüberschuss von 45 €.

Die Nebenrechnung zeigt die Berechnung der Eigenkapitaldifferenz aus der Währungsrumrechnung. Der Ausweis passiert erfolgsneutral in der HB II und führt dazu, dass die Eigenkapitalquote von 50 % trotz Währungsumrechnung gleich bleibt.

3.5 Unterschiede zu den IFRS

Gemäß IFRS 10.B92 ist für den Konzernabschluss der Abschlussstichtag des Mutterunternehmens relevant. Die Aufstellung eines **Zwischenberichts** für Tochterunternehmen mit abweichenden Abschlussstichtagen ist immer notwendig – es sei denn die **praktische Durchführbarkeit** ist nicht gegeben (z. B. die Beschaffung der Daten erweist sich als problematisch). Falls eben diese Ausnahmeregel vorliegt, darf der Einzelabschluss der Tochter trotz abweichender Stichtage in den Konzern einbezogen werden, solange der Stichtag nicht mehr als drei Monate vor oder drei Monate nach dem Konzernstichtag liegt. Andernfalls sind **Korrekturbuchungen** notwendig. Die Regelung unterscheidet sich von § 299 Abs. 2 Satz 2 HGB nur dadurch, dass im HGB der abweichende Abschlussstichtag nur bis zu drei Monate vor dem Konzernabschlussstichtag, jedoch nicht nach dem Konzernabschlussstichtag liegen darf.

An die Rechnungslegungsgrundsätze des Konzernabschlusses müssen sich alle Konzernunternehmen halten und die Bilanzierungs- und Bewertungsmethoden dementsprechend **einheitlich** ausüben (IFRS 10.B87). Eine Ausnahme hiervon stellen **unwesentlichen Abweichungen** dar (IAS 1.31).

Die Währungsumrechnung nach IFRS erfolgt in mehreren Schritten und findet sich im IAS 21 wieder. Zunächst erfolgt die Bestimmung der eigenen **funktionalen Währung** der ausländischen Tochterunternehmen. Die funktionale Währung wird im IAS 21.8 als Währung des primären Wirtschaftsraumes definiert, in welchem das jeweilige Unternehmen seine Geschäfte tätigt. Wurde der Abschluss des Tochterunternehmens in einer anderen Währung als der funktionalen Währung aufgestellt, muss diese mittels der **Zeitbezugsmethode** im zweiten Schritt in die funktionale Währung umgerechnet werden.

Im nächsten Schritt ist ggf. eine Umrechnung in die **Darstellungswährung** notwendig. Die Darstellungswährung ist jene Währung, in der die Aufstellung des Abschlusses erfolgt. Sie kann von den Unternehmen frei gewählt werden und muss nicht unbedingt mit der funktionalen Währung des Mutterunternehmens übereinstimmen. Jedoch ist zu beachten, dass die Aufstellung des IFRS-Konzernabschlusses nach § 315e Abs. 1 i.V.m. § 244 HGB für inländische Mutterunternehmen, die kapitalmarktorientiert sind, in Euro zu erfolgen hat.

Weichen funktionale Währung und Darstellungswährung voneinander ab, sind diese nach der Methode gemäß IAS 21.38-43 umzurechnen. Diese entspricht im Wesentlichen der **modifizierten Stichtagskursmethode**. Für Tochterunternehmen, die ihre Abschlüsse in der Währung eines Landes mit Hochinflation aufstellen, gilt eine spezielle Vorschrift nach IAS 29.

Kontrollfragen

(1) Was wird unter der sogenannten Handelsbilanz I bzw. II verstanden?

(2) Was muss bei der Vereinheitlichung der Einzelabschlüsse berücksichtigt werden?

(3) Was passiert, wenn der Abschlussstichtag des Tochterunternehmens vom Konzernabschlussstichtag abweicht?

(4) Was versteht man unter einheitlicher Bewertung im Konzernabschluss?

(5) Nach welcher Methode erfolgt die Währungsumrechnung nach HGB/IFRS?

4 Konsolidierung

4.1 Einführung

Nach erfolgreicher Vereinheitlichung und Summation aller einzubeziehenden Jahresabschlüsse erfolgt im letzten Schritt die **Konsolidierung**. In den jeweiligen Einzelabschlüssen der Konzernunternehmen werden Geschäftsverbindungen zu anderen Konzernunternehmen behandelt als wären es Nicht-Konzernunternehmen. Im Konzern werden diese Geschäftsverbindungen als **Doppelerfassung** gesehen und führen zu einer Nicht-Einhaltung des Einheitsgrundsatzes (resultierend aus der Einheitstheorie). Aus diesem Grund werden im Rahmen der Konsolidierung die **konzerninternen Beziehungen** aus der Summenbilanz eliminiert, so dass der Konzern als ein fiktives einziges wirtschaftlich und rechtlich selbständiges Unternehmen dargestellt wird.

Definition Konsolidierung

Konsolidierung bedeutet die Eliminierung von konzerninternen Verflechtungen.

Folgende vier Konsolidierungen sind notwendig um alle konzerninternen Verflechtungen zu eliminieren:

- **Kapitalkonsolidierung,**
- **Schuldenkonsolidierung,**
- **Zwischenergebniseliminierung,**
- **Aufwands- und Ertragskonsolidierung**.

Die Beispiele der genannten Konsolidierungsmaßnahmen werden anhand der **Vollkonsolidierung** durchgeführt. An späterer Stelle werden zusätzlich die **Quotenkonsolidierung** (vgl. Abschnitt 4.6) und die **Equity-Methode** (vgl. Abschnitt 4.7) näher betrachtet.

4.2 Kapitalkonsolidierung

Die Aufgabe der Kapitalkonsolidierung ist die **Elimination der Kapitalverflechtungen** zwischen den Konzernunternehmen. Zum einen wird auf der Aktivseite der Bilanz des Mutterunternehmens die Beteiligung an dem Tochterunternehmen ausgewiesen. Zum anderen weist die Tochter den auf die Beteiligung entfallenen Teil als Eigenkapital aus, wodurch eine **Doppelerfassung** gegeben ist. Diese Doppelfassung ist innerhalb der Kapitalkonsolidierung zu eliminieren.

Gemäß § 301 Abs. 1 HGB ist „der dem Mutterunternehmen gehörende Anteil" am Tochterunternehmen „mit dem auf diese Anteile entfallenden Betrag des Eigenkapitals des Tochterunternehmens" zu **verrechnen**.

Definition Kapitalkonsolidierung

Die Kapitalkonsolidierung ist die Aufrechnung vom Beteiligungsbuchwert des Mutterunternehmens mit dem hierauf entfallenen Eigenkapitalanteil des Tochterunternehmens.

Für den „dem Mutterunternehmen gehörenden Anteil" am Tochterunternehmen kommen folgende **Bilanzpositionen nach § 266 Abs. 2 HGB** in Betracht:

- Anteile an verbundene Unternehmen,
- Beteiligungen,
- Wertpapiere des Anlagevermögens,
- sonstige Vermögensgegenstände,
- sonstige Wertpapiere.

Die zu verrechnenden Eigenkapitalposten des Tochterunternehmens können der **Bilanzgliederung nach § 266 Abs. 3 HGB**, genauer der Position „Eigenkapital" entnommen werden:

- gezeichnetes Kapital,
- Kapitalrücklagen,
- Gewinnrücklagen,
- Jahresergebnisse und Ergebnisvorträge (soweit diese noch vor Konzernzugehörigkeit erwirtschaftet worden sind).

Bei Personengesellschaften sind die jeweiligen Eigenkapitalanteile der Gesellschafter relevant.

Ein Sonderfall stellen **Rückbeteiligungen** der Tochter dar. In der Konzernbilanz sind Rückbeteiligungen wie die eigenen Anteile des Mutterunterunternehmens zu behandeln und mit ihrem Nennwert oder rechnerischen Wert offen vom gezeichneten Kapital abzusetzen (§ 301 Abs. 4 HGB).

4.2.1 Methodik der Kapitalkonsolidierung

Die Kapitalkonsolidierung erfolgt nach der sogenannten **Erwerbsmethode**. Hier liegt die Fiktion zugrunde, dass der Konzern im Erwerbszeitpunkt bzw. im Zeitpunkt der erstmaligen Einbeziehung des Tochterunternehmens die einzelnen Vermögensgegenstände sowie Schulden des Tochterunternehmens erworben hat. Alternativ wird sie auch als **echte angelsächsische Methode** bezeichnet.

Seit Inkrafttreten des BilMoG ist im Rahmen der Erwerbsmethode nur noch die Anwendung der **Neubewertungsmethode** erlaubt. Hierbei werden im ersten Schritt die stillen Reserven und stillen Lasten des Tochterunternehmens **vollständig** aufgedeckt. Anschließend erfolgt die Verrechnung vom Beteiligungswert der Mutter und des Eigenkapitalanteils der Tochter. Denn gemäß § 301 Abs. 1 Satz 2 HGB muss das Eigenkapital der Tochter mit dem **Zeitwert** angesetzt werden, der den „aufzunehmenden Vermögensgegenständen, Schulden, Rechnungsabgrenzungsposten und Sonderposten entspricht“. Somit entsteht mit Aufdeckung der stillen Reserven und stillen Lasten ein **neubewertetes Eigenkapital**, welches die Basis für die Verrechnung bildet.

Häufig ist der Beteiligungsbuchwert des Mutterunternehmens (Kaufpreis) ungleich dem anteilig bilanzierten Eigenkapital des Tochterunternehmens. Gründe hierfür können die folgenden sein:

- Es sind stille Reserven oder stille Lasten (aufgrund des Vorsichtsprinzips nicht zu erwarten) in den Vermögensgegenständen und Schulden der Tochter vorhanden.
- Es gibt nicht bilanzierte immaterielle Vermögensgegenstände in der Bilanz der Tochter.
- Die Erwartung an zukünftige Gewinne / Verluste rechtfertigt die Zahlung eines höheren / niedrigeren im Kaufpreises.

Im Rahmen der Erwerbsmethode werden nur die ersten beiden Gründe erfasst. Die Neubewertung (Aufdeckung der stillen Reserven und Lasten sowie Bilanzierung nicht bilanzierter Vermögensgegenstände) erfolgt in der Neubewertungsbilanz, auch **HB III** genannt. Das hieraus resultierende neubewertete Eigenkapital wird mit dem Beteiligungsbuchwert des Mutterunternehmens verrechnet.

4.2.2 Ursachen und Behandlung von Unterschiedsbeträgen

Oftmals entsteht nach Verrechnung des Beteiligungsbuchwertes vom Mutterunternehmen mit dem neubewerteten Eigenkapital des Tochterunternehmens ein **Unterschiedsbetrag**, da beide Größen nicht immer gleich hoch sind. Liegt ein solcher Fall vor, ist der Unterschiedsbetrag und dessen wesentlichen Änderungen zum Vorjahr im Konzernanhang anzugeben (§ 301 Abs. 3 Satz 2 HGB).

Ist der Beteiligungsbuchwert des Mutterunternehmens größer als das neubewertete Eigenkapital des Tochterunternehmens, handelt es sich um einen **aktiven Unterschiedsbetrag**.

Ein vorhandener aktiver Unterschiedsbetrag ist bei der Erstkonsolidierung als **Geschäfts- oder Firmenwert** auf der Aktivseite im Anlagevermögen der Konzernbilanz auszuweisen (§ 301 Abs. 3 Satz 1 HGB) und in den Folgejahren erfolgswirksam gemäß der voraussichtlichen Nutzungsdauer abzuschreiben (§ 309 Abs. 1

i.V.m. § 253 Abs. 3 HGB). Ist eine Schätzung der voraussichtlichen Nutzungsdauer nicht möglich, ist von einer Nutzungsdauer von zehn Jahren auszugehen. Ist mit voraussichtlich dauernder Wertminderung zu rechnen, sind außerplanmäßige Abschreibungen notwendig.

Sollte der Beteiligungsbuchwert kleiner als das anteilig neubewertete Eigenkapital sein, ergibt sich ein **passiver Unterschiedsbetrag**. Hierfür sind folgende Ursachen denkbar:

- Verlusterwartungen beim Tochterunternehmen führen zu einem niedrigeren Kaufpreis (*badwill*).
- Durch einen Glücksgriff kam ein günstiger Kauf zustande (*lucky buy*).

Ein passiver Unterschiedsbetrag ist nach § 301 Abs. 3 Satz 1 HGB unter dem Posten „**Unterschiedsbetrag aus der Kapitalkonsolidierung**" nach dem Eigenkapital darzustellen. Die Behandlung eines passiven Unterschiedsbetrags ist in § 309 Abs. 2 HGB geregelt und bietet die Möglichkeit, diesen erfolgswirksam aufzulösen, soweit gemäß §§ 297 und 298 HGB keine Einwände vorliegen.

Der DRS 23 konkretisiert die erfolgswirksame Auflösung, wonach die **Entstehungsursache** des passiven Unterschiedsbetrags ausschlaggebend für dessen Behandlung ist. Hat der passive Unterschiedsbetrag einen Fremdkapitalcharakter (z. B. *badwill*), so ist dieser beim Eintreten des Verlustes entsprechend der Höhe ergebniswirksam aufzulösen. Tritt die erwartete negative Entwicklung nicht ein, ist dieser gemäß § 309 Abs. 2 HGB ebenfalls ergebniswirksam aufzulösen. Bei Vorliegen eines Eigenkapitalcharakters (z. B. *lucky buy*) muss der Unterschiedsbetrag abgeschrieben werden. Die Abschreibung orientiert sich an den Restnutzungsdauern der übernommenen Vermögensgegenstände.

Allgemein berechnet sich der Unterschiedsbetrag wie folgt:

	Anschaffungskosten
./.	Eigenkapital des TU (bei Minderbeteiligung: anteiliges Eigenkapital)
=	Zwischensumme des Unterschiedsbetrages
./.	voll aufzudeckende stille Reserven
+	voll aufzudeckende stille Lasten
+	Anteil Konzernfremder an stillen Reserven (bei Minderbeteiligung)
./.	Anteil Konzernfremder an stillen Lasten (bei Minderbeteiligung)
=	+ aktiver Unterschiedsbetrag/- passiver Unterschiedsbetrag

4.2.3 Erstkonsolidierungszeitpunkt

Die Erstkonsolidierung bezeichnet den erstmaligen Einbezug der Tochterunternehmen in den Konzernabschluss. Der Zeitpunkt der Erstkonsolidierung ist in § 301 Abs. 2 HGB geregelt und besagt, dass die Verrechnung von Beteiligungsbuchwert der Mutter mit dem hierauf entfallenen Eigenkapitalanteil des Tochterunternehmen „auf Grundlage der Wertansätze zu dem Zeitpunkt durchzuführen sind, zu dem das Unternehmen Tochterunternehmen geworden ist". Demnach ist die Erstkonsolidierung grundsätzlich auf den **Zeitpunkt des Erwerbs** vorzunehmen.

Bei einem unterjährigen Erwerb und Auseinanderfallen vom erstmaligen Einbezug und Bilanzstichtag der Tochter wird die Erstellung eines **Zwischenberichts** empfohlen (DRS 23.11).

Das Gesetz lässt für den Fall, dass die Wertansätze zu dem Zeitpunkt, an welchem ein Unternehmen Tochtergesellschaft geworden ist, nicht endgültig ermittelt werden können, einen Anpassungszeitraum von zwölf Monaten zu (§ 301 Abs. 2 HGB).

Bei der **erstmaligen** Erstellung der Konzernbilanz durch die Mutter müssen „die Wertansätze zum Zeitpunkt der Einbeziehung des Tochterunternehmens in den Konzernabschluss zugrunde" gelegt werden. Voraussetzung hierfür ist, dass das Tochterunternehmen nicht in jenem Jahr Tochterunternehmen geworden ist, für das der

Konzernabschluss aufgestellt wird oder das Tochterunternehmen, welches aufgrund von § 296 HGB vom Konsolidierungskreis befreit war, zum ersten Mal einbezogen wird (§ 301 Abs. 2 Satz 3 und 4 HGB). Der Wertansatz nach Absatz 2 Satz 1 darf in Sonderfällen auch im Falle von Satz 3 und Satz 4 als Grundlage genommen werden. Die Angabe und Begründung muss dann im Konzernanhang erfolgen.

4.2.4 Schritte der Erstkonsolidierung bei einer Beteiligungsquote von 100 %

Im Folgenden wird schrittweise das Vorgehen bei der Erstkonsolidierung im Rahmen der Vollkonsolidierung mit 100 %iger Beteiligung dargelegt:

1. Schritt: Neubewertung des konsolidierungspflichtigen Kapitals der Tochter.

- Das konsolidierungspflichtige Eigenkapital der Tochter ist neu zu bewerten.
- Die Neubewertung (Aufdeckung der stillen Reserven und Lasten) erfolgt in der **Neubewertungsbilanz**, auch HB III genannt, der Tochter (nicht im Konzern). Sie ist noch vor Erstellung der Summenbilanz durchzuführen.
- Bei der Neubewertungsmethode werden alle stillen Reserven und stillen Lasten des Tochterunternehmens zu 100 % aufgedeckt, unabhängig der Beteiligungsquote.
- Durch die Aufdeckung der stillen Reserven in der HB III entsteht ein höheres Eigenkapital (**neubewertetes Eigenkapital**). Innerhalb des Eigenkapitalpostens werden diese in den Gewinnrücklagen ausgewiesen.

2. Schritt: Verrechnung von Beteiligungsbuchwert mit dem neubewerteten Eigenkapital.

- Verrechnung des Buchwertes der Mutteranteile mit dem anteiligen **neubewerteten** Eigenkapital des Tochterunternehmens, wodurch sich aktive oder passive Unterschiedsbeträge ergeben können.

3. Schritt: Behandlung des Restbetrags.

- Aktivierung des nicht verteilbaren Restbetrags als Geschäfts- oder Firmenwert (anteiliges neubewertetes Eigenkapital < Beteiligungsbuchwert).
- Passivierung des nicht verteilbaren passiven Restbetrags in den Posten „Unterschiedsbetrag aus der Kapitalkonsolidierung" (anteiliges neubewertetes Eigenkapital > Beteiligungsbuchwert).

Nachstehend wird die Vorgehensweise bei der Erstkonsolidierung hinsichtlich einer Beteiligung von 100 % anhand eines einfachen Beispiels dargestellt[18]:

t=0 Bilanz	MU	TU			Summenbilanz	Konsolidierungsspalte		Konzernbilanz
	HB II	HB II	stR/stL	HB III		Soll	Haben	
Aktiva								
GoF						60[3]		60
sonst.AV	400	300	40[1]	340	740			740
Beteilig.	500				500		500[2]	
UV	300	500	20[1]	520	820			820
verbl.UB						60[2]	60[3]	
∑ Aktiva	1.200	800		860	2.060			1.620
Passiva								
EK	400	400	40[1]	440	840	440[2]		400
sonst. P	800	400	20[1]	420	1.220			1.220
∑ Passiva	1.200	800		860	2.060	560	560	1.620

Im gezeigten Beispiel liegen die HB II des Mutterunternehmens und die HB II der Tochter vor. Die Anschaffungskosten für 100 % der Anteile am Tochterunternehmen betragen 500 (Beteiligung beim MU). Das Eigenkapital des Tochterunternehmens beträgt vor Neubewertung 400.

---

[18] Alle nachfolgenden Beispiele sind in Anlehnung an: Baetge, J.; Kirsch, H.-J.; Thiele, S.: Konzernbilanzen; 11., überarbeitete Aufl., Düsseldorf 2015. Alle Zahlenangaben in den Beispielen und Buchungssätzen in GE.

Auf der Aktivseite des Tochterunternehmens sind stille Reserven im sonstigen Anlagevermögen i. H. v. 40 GE und im Umlaufvermögen i. H. v. 20 GE vorhanden. Des Weiteren befinden sich in den sonstigen Passiva stille Lasten i. H. v. 20 GE. Die Aufdeckung der stillen Reserven und Lasten führt zu einer Erhöhung des Eigenkapitals um 40 GE und wird folgendermaßen gebucht:

sonstiges Anlagevermögen	40[1]			
Umlagevermögen	20[1]	an	Eigenkapital	40[1]
			sonstige Passiva	20[1]

Sind die stillen Reserven und Lasten in der HB III (HB II + stR/stL) aufgedeckt, ergibt die horizontale Addition der HB II der Mutter mit der HB III der Tochter die Summenbilanz. Durch die Anwendung der Formel zur Berechnung des aktiven bzw. passiven Unterschiedsbetrags kann dieser im nächsten Schritt festgestellt werden:

	Anschaffungskosten	500 GE
./.	Eigenkapital des TU	400 GE
=	Zwischensumme	100 GE
./.	voll aufzudeckende stille Reserven	60 GE
+	voll aufzudeckende stille Lasten	20 GE
=	aktiver Unterschiedsbetrag (+)	60 GE

Anschließend wird der Beteiligungsbuchwert (500 GE) mit dem neubewerteten Eigenkapital (440 GE) verrechnet. Der aktive Unterschiedsbetrag von 60 GE wird zunächst auf einem Zwischenkonto (verbl.UB) verbucht. Der Buchungssatz hierfür lautet:

verbleibender Unterschiedsbetrag	60[2]			
Eigenkapital	440[2]	an	Beteiligung	500[2]

Der ermittelte aktive Unterschiedsbetrag von 60 GE ist nun als Geschäfts- oder Firmenwert (GoF) zu aktivieren und wird entsprechend umgebucht:

Soll	Betrag		Haben	Betrag
Geschäfts- oder Firmenwert	60[3]	an	verbleibender Unterschiedsbetrag	60[3]

Die letzten zwei Buchungssätze stellen die Konsolidierungsbuchungen dar. Unter Berücksichtigung dieser Buchungssätze in der Summenbilanz ergibt sich im letzten Schritt die Konzernbilanz.

4.2.5 Folgekonsolidierung bei einer Beteiligungsquote von 100 %

Bei der Folgekonsolidierung nach der Neubewertungsmethode sind folgende Punkte zu beachten:

- Die Verbuchung der Verrechnung von Beteiligungsbuchwert und neubewertetem Eigenkapital wird immer **analog zur Erstkonsolidierung** auf Grundlage des ersten Jahres wiederholt.
- Die im Zuge der Erstkonsolidierung aufgedeckten und zugeordneten stillen Reserven/Lasten und aktiven/passiven Unterschiedsbeträge müssen in den Folgeperioden **fortgeschrieben** werden.
- Die Abschreibung der stillen Reserven bzw. die Realisierung der stillen Lasten wird bei der Neubewertungsmethode erfolgswirksam in Verbindung mit den Konsolidierungsbuchungen berücksichtigt. Sie teilen das Schicksal der Position, der sie zugerechnet wurden.
- Der Geschäfts- oder Firmenwert ist gemäß § 309 Abs. 1 i. V. m. § 253 Abs. 3 HGB über die voraussichtliche Nutzungsdauer im Rahmen der Konsolidierungsbuchungen erfolgswirksam abzuschreiben. Ein vorhandener passiver Unterschiedsbetrag kann ggf. erfolgswirksam aufgelöst werden.

Die erfolgswirksamen Buchungen führen entsprechend zu einer Minderung bzw. Erhöhung des Konzernjahresüberschusses.

Durch die Weiterführung des oben genannten Beispiels wird die Folgekonsolidierung in t=1 näher betrachtet:

t=1 Bilanz	**MU**	**TU**		**Summenbilanz**	**Konsolidierungsspalte**		**Konzernbilanz**
	HB II	HB II	stR/stL in t=0		Soll	Haben	
Aktiva							
GoF				60[3]	60[3]	**15[4]**	45
sonst.AV	400	300	40[1]	740		**8[4]**	732
Beteilig.	500			500		500[2]	
UV	300	500	20[1]	820			820
verbl.UB					60[2]	60[3]	
∑ Aktiva	1.200	800		2.060			1.597
Passiva							
EK							
▪ sonst. EK	400	400	40[1]	840	440[2]		400
▪ JU	60	80		140	**3[4]**		137
sonst. P	740	320	20[1]	1.080	**20[4]**		1.060
∑ Passiva	1.200	800		2.060	583	583	1.597

Für das weitere Vorgehen gelten diese Annahmen:

Für den Geschäfts- oder Firmenwert wird eine voraussichtliche Nutzungsdauer von vier Jahren angenommen. Hiermit ergibt sich eine jährliche Abschreibung des Geschäfts- oder Firmenwertes von 15 GE (60 GE / 4 Jahre). Die im sonstigen Anlagevermögen enthaltenen stillen Reserven werden mit einer Restlaufzeit von fünf Jahren abgeschrieben. Die jährliche Abschreibung beträgt somit 8 GE (40 GE / 5 Jahre). Die stillen Reserven im Umlaufvermögen bleiben erhalten. Die Realisierung der stillen Lasten ist im Laufe des Zeitpunkts t=1 geschehen. Sie werden dementsprechend voll berücksichtigt.

Die drei Buchungssätze aus der Erstkonsolidierung werden wiederholt. Da bei der Folgekonsolidierung nun der Eigenkapitalposten aufgegliedert wurde, ist bei den Wiederholungsbuchungen, statt dem „Eigenkapital“ nun die Position „Sonstiges Eigenkapital“ zu verwenden (auf die nochmalige Darstellung der Buchungssätze (2) und (3) aus der Erstkonsolidierung wurde verzichtet):

sonstiges Anlagevermögen	40[1]			
Umlagevermögen	20[1]	an	sonstiges Eigenkapital	40[1]
			sonstige Passiva	20[1]

Der Buchungssatz für die Abschreibungen der stillen Reserven, des Geschäfts- oder Firmenwertes sowie die Realisierung der stillen Lasten lautet:

Jahresüberschuss	3[4]			
sonstige Passiva	20[4]	an	Geschäfts- oder Firmenwert	15[4]
			sonstiges Anlagevermögen	8[4]

Die entsprechenden erfolgswirksamen Buchungen in der Konzern-GuV werden hier nicht betrachtet.

Erfolgswirksame Buchungen aus dem Vorjahr haben im Folgejahr immer erfolgsneutrale Anpassungsbuchungen zur Folge (in unserem Beispiel wäre das in t=2, da in t=1 die ersten erfolgswirksamen Buchungen stattfinden). Hierbei werden die im Vorjahr erfolgswirksam gebuchten Sachverhalte noch einmal erfasst, diesmal aber erfolgsneutral über die Gewinnrücklagen.

4.2.6 Erstkonsolidierung mit Minderheitsbeteiligung

Das Vorgehen bei der Erstkonsolidierung mit Minderheitsbeteiligung ist beinahe analog zu dem einer Beteiligungsquote von 100 %. Neben den bereits bei der hundertprozentigen Beteiligung genannten, müssen im Rahmen der Erstkonsolidierung mit einer Minderheitsbeteiligung folgende Sachverhalte beachtet werden:

- Trotz bestehender Minderheitenanteile (d. h. Beteiligung unter 100 %) werden sämtliche Vermögensgegenstände und Schulden des Tochterunternehmens zu 100 % einbezogen.

- Bei der Verrechnung wird nur das anteilige Eigenkapital der Tochter berücksichtigt, welches gemäß der Beteiligungsquote der Konzernmutter gehört.
- Der restliche Anteil am Eigenkapital, welcher den Minderheitengesellschaftern (Anteil anderer Gesellschafter) zusteht, wird in ein Ausgleichposten mit der Bezeichnung **„Nicht beherrschende Anteile"** verbucht (§ 307 Abs. 1 HGB). Dieser Posten muss innerhalb des Eigenkapitals gesondert in der Konzernbilanz ausgewiesen werden. Dieser Schritt erfolgt unmittelbar nach Aufdeckung der stillen Reserven und Lasten, so dass die Minderheitsbeteiligten ebenfalls an den stillen Reserven und Lasten beteiligt werden.

Den genauen Ablauf und die dazugehörigen Buchungen soll nachfolgendes Beispiel verdeutlichen. Die Basis dafür bildet ebenfalls das oben angeführte Beispiel mit hundertprozentiger Beteiligung – mit der Ausnahme, dass nun eine Beteiligungsquote von 75 % unterstellt wird:

t=0 Bilanz	**MU**	**TU**			**Summenbilanz**	**Konsolidierungsspalte**		**Konzernbilanz**
	HB II	HB II	stR/stL	HB III		Soll	Haben	
Aktiva								
GoF						170[3]		170
sonst.AV	400	300	40[1]	340	740			740
Beteilig.	500				500		500[2]	
UV	300	500	20[1]	520	820			820
verbl.UB						170[2]	170[3]	
∑ Aktiva	1.200	800		860	2.060			1.730
Passiva								
EK	400	400	40[1]	440	840	330[2]		400
n.b.Ant.						110[4]	110[4]	110
sonst. P	800	400	20[1]	420	1.220			1.220
∑ Passiva	1.200	800		860	2.060	560	560	1.620

Da auch bei einer Minderbeteiligung die stillen Reserven und Lasten vollständig aufgedeckt werden müssen, lautet der erste Buchungssatz:

sonstiges Anlagevermögen	40[1]			
Umlagevermögen	20[1]	an	Eigenkapital	40[1]
			sonstige Passiva	20[1]

Der aktive Unterschiedsbetrag berechnet sich hier wie folgt:

	Anschaffungskosten		500 GE
./.	anteiliges Eigenkapital (400 GE × 75 %)	300 GE	
=	Zwischensumme	200 GE	
./.	voll aufzudeckende stille Reserven	60 GE	
+	voll aufzudeckende stille Lasten		20 GE
+	Anteil Konzernfremder an stillen Reserven (60 GE × 25 %)		15 GE
./.	Anteil Konzernfremder an stillen Lasten (20 GE × 25 %)		5 GE
=	Geschäfts- oder Firmenwert (+)		170 GE

Unter Berücksichtigung der stillen Reserven und Lasten ergibt sich ein neubewertetes, anteiliges Eigenkapital von 330 GE (440 GE × 75 %). Dementsprechend kann die Verrechnung von Beteiligungsbuchwert und anteiligem Eigenkapital wie folgt verbucht werden:

verbleibender Unterschiedsbetrag	170[2]			
Eigenkapital	330[2]	an	Beteiligung	500[2]

Der Geschäfts- oder Firmenwert ist im nächsten Schritt zu aktivieren:

Geschäfts- oder Firmenwert	170[3]	an	verbleibender Unterschiedsbetrag	170[3]

Als letzte Maßnahme ist der Anteil der Konzernaußenstehenden am neubewertetem Eigenkapital (440 GE × 25 %) im Ausgleichsposten „nicht beherrschende Anteile“ auszuweisen:

Eigenkapital	110[4]	an	nicht beherrschende Anteile	110[4]

4.2.7 Folgekonsolidierung mit Minderheitsbeteiligung

Die Punkte, die bei der Folgekonsolidierung mit einer Beteiligungsquote von 100 % zu beachten sind, müssen hier ebenfalls berücksichtigt werden. Einige Besonderheiten gibt es dennoch:

- Den Konzernaußenstehenden stehen neben dem anteiligen Eigenkapital der Tochterunternehmen ebenfalls die jährlich erwirtschafteten Gewinne in Höhe ihrer Beteiligungsquote zu.
- Minderheitsbeteiligte sind am entstandenen Geschäfts- oder Firmenwert nicht beteiligt.
- Aufgrund der Beteiligung der Minderheiten an den stillen Reserven und Lasten müssen Abschreibungen der stillen Reserven oder eine Realisierung der stillen Lasten auf die konzernfremden Gesellschafter anhand ihrer Beteiligungsquote verteilt werden. Dies geschieht erfolgswirksam über den Posten „nicht beherrschende Anteile“.

Die Folgekonsolidierung mit einer Beteiligung von 75 % zum Zeitpunkt t=1 zeigt dieses fortgeführte Beispiel:

t=1 Bilanz	MU	TU		Summenbilanz	Konsolidierungsspalte		Konzernbilanz
	HB II	HB II	stR/stL in t=0		Soll	Haben	
Aktiva							
GoF				60[3]	170[3]	**42,5**[5]	127,5
sonst.AV	400	300	40[1]	740		**6**[5] **2**[6]	732
Beteilig.	500			500		500[2]	
UV	300	500	20[1]	820			820
verbl.UB					170[2]	170[3]	
∑ Aktiva	1.200	800		2.060			1.679,5
Passiva							
EK	400	400	40[1]	840	330[2] 110[4]		400
▪JU	60	80		140	20[4] **33,5**[3]		86,5
n.b. Anteile						130[4]	133
sonst. P	740	320	20[1]	1.080	**15**[5] **5**[6]	**3**[6]	1.060
∑ Passiva	1.200	800		2.060	853,5	853,5	1.679,5

Es gelten dieselben Annahmen bezüglich den Abschreibungen und der Realisierung wie schon bei der Folgekonsolidierung mit hundertprozentiger Beteiligung. Die ersten drei Buchungssätze der Erstkonsolidierung wiederholen sich ebenfalls. Da die Minderbeteiligten auch am Gewinn partizipieren, muss beim Ausweis des Anteils der Konzernaußenstehenden am neubewerteten Eigenkapital der Gewinn (80 GE × 25 %) berücksichtigt werden:

Eigenkapital	110[4]			
Jahresüberschuss	20[4]	an	nicht beherrschende Anteile	130[4]

Der Geschäfts- oder Firmenwert wird jährlich mit 42,5 GE (170 GE / 4 Jahre) abgeschrieben. Von der jährlichen Abschreibung der stillen Reserven des Anlagevermögens von 8 GE (40 GE / 5 Jahre) entfallen auf die beherrschenden Gesellschafter 6 GE (8 GE × 75 %) und auf die nicht beherrschenden Gesellschafter

2 GE (8 GE × 25 %). Die realisierten stillen Lasten in den sonstigen Passiva von 20 GE werden ebenfalls aufgeteilt. Den beherrschenden Gesellschaftern stehen hiervon 15 GE (20 GE × 75 %) zu, konzernaußenstehenden Gesellschaftern dagegen 5 GE (20 GE × 25 %). Die entsprechende erfolgswirksame Buchung für die beherrschenden Gesellschafter lautet:

Jahresüberschuss	33,5[5]			
sonstige Passiva	15[5]	an	Geschäfts- oder Firmenwert	42,5[5]
			sonstiges Anlagevermögen	6[5]

Für die konzernfremden Gesellschafter muss folgendermaßen erfolgswirksam gebucht werden:

sonstige Passiva	5[6]	an	sonstiges Anlagevermögen	2[6]
			nicht beherrschende Anteile	3[6]

Auf die jeweiligen Buchungen in der Konzern-GuV wird verzichtet.

4.2.8 Unterschiede zu den IFRS

Die Regelungen zur Kapitalkonsolidierung sind in **IFRS 3** festgelegt. Demnach wird gleichermaßen die Erwerbsmethode (*acquisition method*) vorgeschrieben. Im Rahmen der Erwerbsmethode ist die Anwendung der **vollständigen Neubewertungsmethode** vorgegeben, die im Wesentlichen der nach deutschem Recht entspricht.

Folgende Schritte gelten dabei für die Erstkonsolidierung beim IFRS-Konzernabschluss:

1. Schritt: Der Erwerber ist zu identifizieren.

- Der Erwerber ist das kaufende Unternehmen, welches das übernommene Unternehmen beherrscht.

2. Schritt: Der Erwerbszeitpunkt ist zu bestimmen.

- Der Erwerbszeitpunkt ist der Zeitpunkt, ab dem das übernommene Unternehmen beherrscht wird.

3. Schritt: Die identifizierbaren, erworbenen Vermögensgegenstände und Schulden und nicht beherrschende Anteile am übernommenen Unternehmen sind anzusetzen und zu bewerten.

- Die Bewertung der Vermögenswerte (*assets*) und Schulden (*liabilities*) erfolgt zum *fair value*.

4. Schritt: Ein Geschäfts- oder Firmenwert bzw. ein negativer Unterschiedsbetrag ist anzusetzen und zu bewerten.

- Ein Geschäfts- oder Firmenwert (*goodwill*) ist jährlich einem *impairment test* zu unterziehen, mit der die Wertminderung zu bestimmen ist. Dementsprechend werden in den Folgeperioden die erfolgswirksamen (außerplanmäßigen) Abschreibungen festgelegt.
- Ein negativer Unterschiedsbetrag wird zunächst anhand eines *reassessment* erneut überprüft, um sicherzustellen, dass die Bewertung angemessen erfolgt ist. Bleibt nach der Überprüfung dennoch ein *badwill* übrig, ist dieser erfolgswirksam zu erfassen.

In den Folgejahren sind die stillen Reserven und Lasten fortzuführen. Beim Vorliegen von Minderheitsbeteiligungen gewährt IFRS 3 ein **Wahlrecht** die Anteile der nicht beherrschenden Gesellschafter entweder gemäß ihrem Anteil am neubewerteten, identifizierbaren Nettovermögen oder zum *fair value* anzusetzen. Wird die Wahl auf das Nettovermögen fallen, ist der *goodwill* wie bei der Neubewertungsmethode nach HGB zu behandeln. Bei der *fair value*-Variante ist der *goodwill* nach der *full-goodwill*-Methode zu bewerten.

Kontrollfragen

(1) Was versteht man unter der Kapitalkonsolidierung?

(2) Nach welcher Methode wird die Kapitalkonsolidierung durchgeführt?

(3) Wie ist ein aktiver/passiver Unterschiedsbetrag zu behandeln?

(4) Worin liegen die Unterschiede zwischen Erstkonsolidierung und Folgekonsolidierung?

(5) Welche Schritte sind bei der Erstkonsolidierung vorzunehmen (Beteiligungsquote = 100%).

(6) Welcher Paragraph ist für die Anteile anderer Gesellschafter (Minderbeteiligung) einschlägig?

(7) Geben Sie die Schritte wieder, die bei der IFRS-Konzernabschlusserstellung im Rahmen der Erstkonsolidierung relevant sind.

4.3 Schuldenkonsolidierung

Im Konzern dürfen keine **internen Schuldbeziehungen** zwischen einbezogenen Unternehmen bestehen, da der Konzern ansonsten Forderungen oder Verbindlichkeiten gegenüber sich selbst besäße. Deshalb fordert § 303 Abs. 1 HGB, dass „Ausleihungen und andere Forderungen, Rückstellungen und Verbindlichkeiten zwischen den in den Konzernabschluss einbezogenen Unternehmen sowie entsprechende Rechnungsabgrenzungsposten" **wegzulassen** sind. Nur so führt dies zu keinem Verstoß gegen den Einheitsgrundsatz.

Definition Schuldenkonsolidierung

Bei der Schuldenkonsolidierung geht es um die Beseitigung von konzerninternen Schuldverhältnissen.

Nach der Schuldenkonsolidierung dürfen nur noch Ansprüche und Verpflichtungen gegenüber Konzernfremden in der Konzernbilanz erscheinen.

Auf die Schuldenkonsolidierung darf verzichtet werden, „wenn die wegzulassenden Beträge für die Vermittlung eines den tatsächlichen Verhältnissen entsprechenden Bildes der Vermögens-, Finanz- und Ertragslage des Konzerns nur von **untergeordneter Bedeutung** sind" (§ 303 Abs. 2 HGB).

4.3.1 Einzubeziehende Bilanzposten

Alle Bilanzpositionen, die Schuldverhältnisse zwischen den konsolidierten Unternehmen darstellen, sind einzubeziehen (**Vollständigkeitsprinzip**). Neben den in § 303 Abs. HGB genannten Bilanzpositionen sind konkret folgende Posten der Aktiva auf Schuldbeziehungen innerhalb des Konzerns zu untersuchen:

- (Eingeforderte) ausstehende Einlagen auf das gezeichnete Kapital,
- geleistete Anzahlungen,
- Ausleihungen an verbundene Unternehmen,
- Wertpapiere des Anlagevermögens,
- sonstige Wertpapiere,
- Forderungen gegen verbundene Unternehmen,
- Forderungen aus Lieferungen und Leistungen,
- sonstige Vermögensgegenstände,
- Bankguthaben/Schecks sowie
- aktive Rechnungsabgrenzungsposten.

Auf der Passivseite sollten nachstehende Positionen auf ihre Relevanz bezüglich der Schuldenkonsolidierung überprüft werden:

- Sonstige Rückstellungen,
- Anleihen,
- Verbindlichkeiten gegenüber verbundenen Unternehmen,
- Verbindlichkeiten aus Lieferungen und Leistungen,
- Bankverbindlichkeiten,
- erhaltene Anzahlungen auf Bestellungen,
- Wechselverbindlichkeiten sowie
- passive Rechnungsabgrenzungsposten.

Zudem sind auch die Posten **unter der Bilanz** (Eventualverbindlichkeiten) sowie **Angaben zu Haftungsverhältnissen** (§ 251 HGB) und die **sonstigen finanziellen Verpflichtungen** (§ 285 Nr. 3 und 3a HGB) im Anhang zu berücksichtigen. Zu den Angaben unter der Bilanz zählen:

- Bürgschaftsverbindlichkeiten,
- Wechselverbindlichkeiten und
- Verbindlichkeiten aus Gewährleistungen.

Liegen Drittschuldverhältnisse vor, dürfen diese nur dann aufgerechnet werden, wenn eine Gleichartigkeit der entsprechenden Forderungen und Verbindlichkeiten gegeben ist[19].

4.3.2 Erfolgsneutrale Schuldenkonsolidierung

Normalerweise stehen sich Forderungen und Verbindlichkeiten betragsmäßig gegenüber. Das „Weglassen" beider Positionen hat hier keine Auswirkung auf den Konzernjahresüberschuss. Es führt lediglich zu einer Verringerung der Aktiv- und Passivposten in gleicher Höhe (**Bilanzverkürzung**).

Das folgende, stark vereinfachte Beispiel zeigt die Aufrechnung von Forderung und Verbindlichkeit und die dazugehörigen Buchungen. Das Mutterunternehmen gewährt dem Tochterunternehmen dabei ein kurzfristiges Darlehen i. H. v. 200 GE (Zinsen werden vernachlässigt):

t=0 Bilanz	**MU**	**TU**	**Summenbilanz**	**Konsolidierungsspalte**		**Konzernbilanz**
	HB II	HB II		Soll	Haben	
Aktiva						
GoF						0
sonst.AV	1.000		1.000			1.000
Beteilig.	500		500		500[1]	0
Maschine		500	500			500
Ford.UN	200		200		200[3]	0
Kasse	500	200	700			700
∑ Aktiva	2.200	700	2.900			2.200
Passiva						
EK	1.900	500	2.400	500[1]		1.900
Verbindl.	300	200	500	200[2]		300
∑ Passiva	2.200	700	2.900	700	700	2.200

[19] Vgl. IDW (Hrsg.): WP Handbuch 2012, Band I, 14. Aufl., Düsseldorf 2012, Rn. E 75 S. 300 i. V. m. § 387 BGB.

Zunächst ist die Kapitalkonsolidierung zu verbuchen:

Eigenkapital	500[1]	an	Beteiligung	500[1]

Anschließend erfolgt die Verbuchung der Schuldenkonsolidierung durch die Verrechnung von Forderung und Verbindlichkeit:

Verbindlichkeit	200[2]	an	Forderung gegen Unternehmen	200[2]

4.3.3 Aufrechnungsdifferenzen

Stehen sich Forderungen und Verbindlichkeiten nicht in gleicher Höhe gegenüber, entstehen sogenannte **Aufrechnungsdifferenzen**. Dabei wird zwischen **aktiven** und **passiven Aufrechnungsdifferenzen** unterschieden. Aktive Aufrechnungsdifferenzen kommen in der Praxis selten vor, da sie bedingen, dass die Forderungen größer als die Verbindlichkeiten sind. Bei passiven Aufrechnungsdifferenzen dagegen liegen höher bewertete Verpflichtungen vor. Das geschieht etwa im Falle einer Abschreibung auf eine Forderung.

Darüber hinaus gibt es noch die Unterscheidung zwischen **echten und unechten Aufrechnungsdifferenzen**. Diese werden in den zwei nachfolgenden Unterkapiteln näher erläutert.

4.3.3.1 Unechte Aufrechnungsdifferenzen

Unterschiedsbeträge zwischen konzerninternen Forderungen und Verbindlichkeiten, welche Folge von **Fehlbuchungen** oder **zeitlichen Buchungsunterschieden** sind, werden als unechte Aufrechnungsdifferenzen bezeichnet. Die Differenzen sind buchungstechnisch bedingt und stellen somit keine große Herausforderung für die Schuldenkonsolidierung dar. Umgangen werden können jene durch **Abstimmungen** zwischen den Konzernunternehmen, beispielsweise durch Saldenbestätigungen vor der Konsolidierung[20]. Die Korrektur erfolgt dann bereits in den Einzelabschlüssen der einbezogenen Unternehmen.

4.3.3.2 Echte Aufrechnungsdifferenzen

Echte Aufrechnungsdifferenzen entstehen durch **Bilanzierungs- und Bewertungsunterschiede**. Sie sind auch durch eine konzerneinheitliche Bewertung nicht zu vermeiden. Die Ursachen von echten Aufrechnungsdifferenzen können unterschiedlich sein. Einige Beispiele sind hier aufgelistet[21]:

- Rückstellungen stehen allgemein keine Forderungen gegenüber. Sie führen immer zu Differenzen bei der Schuldenkonsolidierung.
- Bei der Vergabe eines Darlehens mit Disagio zwischen den einbezogenen Unternehmen, falls das Disagio direkt als Zinsaufwand verbucht und kein Rechnungsabgrenzungsposten gebildet wird.
- Konzernunternehmen aus dem In- und Ausland rechnen ihre Ansprüche und Verpflichtungen zu unterschiedlichen Kursen um (bei der Währungsumrechnung der ausländischen Konzernunternehmen).
- Bei der Bewertung des Verbindlichkeitsansatzes zum Rückzahlungsbetrag (Höchstwert) seitens des Konzernschuldners und dem Ansatz der Forderung zum Nennwert (Niederstwert) seitens des Konzerngläubigers ergeben sich Aufrechnungsdifferenzen.

Die Behandlung der echten Aufrechnungsdifferenz ist im deutschen Recht **nicht konkret** geregelt[22]. Zu beachten ist aber, dass

---

[20] Vgl. Baetge, J.; Kirsch, H.-J.; Thiele, S.: Konzernbilanzen; 11., überarbeitete Aufl., Düsseldorf 2015, S. 249.

[21] Vgl. Baetge, J.; Kirsch, H.-J.; Thiele, S.: Konzernbilanzen; 11., überarbeitete Aufl., Düsseldorf 2015, S. 250/251.

[22] Vgl. Coenenberg, A.; Haller, A.; Schultze, W.: Jahresabschluss und Jahresabschlussanalyse, 24. Aufl., Stuttgart 2016, S. 734.

nach der Schuldenkonsolidierung der Konzern so dargestellt werden muss, als ob keine Schuldverhältnisse und somit auch keine Aufrechnungsdifferenzen zwischen den Konzernunternehmen bestanden.

Ist eine Aufrechnungsdifferenz im Einzelabschluss der Konzernunternehmen **erfolgsneutral** entstanden, muss sowohl bei der Erstkonsolidierung als auch bei den Folgekonsolidierungen die Aufrechnungsdifferenz **erfolgsneutral** eliminiert werden.

Eine **erfolgswirksame** Erfassung der Aufrechnungsdifferenz im Einzelabschluss muss dagegen ebenfalls **erfolgswirksam** in den Konsolidierungsbuchungen berücksichtigt und eliminiert werden. Eine noch bestehende Aufrechnungsdifferenz im Folgejahr, die im Vorjahr bereits erfolgswirksam im Konzern berücksichtigt wurde, darf nur noch erfolgsneutral eliminiert werden. Eine nochmalige, erfolgswirksame Eliminierung würde ansonsten das Konzernergebnis **doppelt** belasten.

Die erfolgsneutrale Verrechnung erfolgt über einen **Korrekturposten**. Der Korrekturposten ist gesondert innerhalb des Eigenkapitals auszuweisen. Eine Erhöhung oder Verminderung der Aufrechnungsdifferenz zum Vorjahr muss wiederum erfolgswirksam erfasst werden. Im Grunde genommen führt also immer nur eine Veränderung der Aufrechnungsdifferenz zum Vorjahr zu einer erfolgswirksamen Behandlung im Folgejahr.

Das folgende Beispiel verdeutlicht die Vorgehensweise hinsichtlich der Buchungen über drei Geschäftsjahre hinweg:

t=1 Bilanz	MU	TU	Summen-bilanz	Konsolidierungs-spalte		Konzern-bilanz
	HB II	HB II		Soll	Haben	
Aktiva						
Ford. gg. verbundene UN	80		80		80[1]	
Bank		150	150			150
∑ **Aktiva**	80	150	230			150
Passiva						
Jahres-ergebnis	30	50	80		20[1]	100
Verbindl. ggü. verbundene UN		100	100	100[1]		
RAP	50		50			50
∑ **Passiva**	80	150	230			150
GuV						
Ertrag						
Umsatz-erlöse	50	50	100			100
Aufwand						
sonst. betr. Aufw.	20		20		20[2]	
Jahres-ergebnis	30	50	80	20[2]		100

Es wird angenommen, dass in t=0 das Mutterunternehmen eine Forderung i. H. v. 100 GE gegenüber dem Tochterunternehmen stellt. Diese Forderung wird in t=1 mit 20 GE abgeschrieben. Dementsprechend ergibt sich eine echte passive Aufrechnungsdifferenz von 20 GE. Die Abschreibung von 20 GE findet sich sowohl im Einzelabschluss der Mutter als auch im Summenabschluss wieder. Durch folgende Buchung wird die Schuldbeziehung aus der Summenbilanz heraus gerechnet und die Aufrechnungsdifferenz erfolgswirksam eliminiert:

Verbindlichkeiten gegenüber verbundene Unternehmen	100[1]	an	Forderungen gegen verbundene UN	80[1]
			Jahresergebnis	20[1]

Für die Konzern-GuV lautet die Buchung folgendermaßen:

Jahresergebnis	20[2]	an	sonst. betr. Aufwand	20[2]

Durch die Buchung in der Konzern-GuV wird der Aufwand vom Einzelabschluss neutralisiert.

Im nächsten Geschäftsjahr besteht die Forderung der Mutter gegenüber der Tochter nach wie vor in derselben Höhe:

t=2 Bilanz	**MU**	**TU**	**Summenbilanz**	**Konsolidierungsspalte**		**Konzernbilanz**
	HB II	HB II		Soll	Haben	
Aktiva						
Ford. ggü. verbundene UN	80		80		80[1]	
Bank		150	150			150
∑ Aktiva	80	150	230			150
Passiva						
Jahresergebnis	30	50	80		20[1]	80
Verbindl. ggü. verbundene UN		100	100	100[1]		
RAP	50		50			50
∑ Passiva	80	150	230			150
GuV						
Ertrag						
Umsatzerlöse	30	50	80			80
Aufwand						
sonst. betr. Aufw.						
Jahresergebnis	50	50	100		20[1]	80

Da sich die Aufrechnungsdifferenz gegenüber dem Vorjahr nicht verändert hat, muss diese in t=2 durch folgenden Buchungssatz erfolgsneutral über den Korrekturposten eliminiert werden:

Verbindlichkeiten gegenüber verbundene Unternehmen 100[1]	an	Forderungen gegen verbundene UN	80[1]
		Korrekturposten	20[1]

Im darauffolgenden Geschäftsjahr t=3 wird die Verbindlichkeit durch die Tochter beglichen:

t=3 Bilanz	**MU**	**TU**	**Summenbilanz**	**Konsolidierungsspalte**		**Konzernbilanz**
	HB II	HB II		Soll	Haben	
Aktiva						
Ford. ggü. verbundene UN					80[1]	
Bank	100	50	150			150
∑ **Aktiva**	100	50	150			150
Passiva						
Jahresergebnis	50	50	100	20[2]		80
Korrekturposten					20[2]	20
Verbindl. ggü. verbundene UN						
RAP	50		30			50
∑ **Passiva**	100	50	150			150
GuV						
Ertrag						
Umsatzerlöse	30	50	80			80
sonst. betr. Ertrag	20		20	20[1]		
Aufwand						
sonst. betr. Aufw.						
Jahresergebnis	50	50	100		20[1]	80

Durch die Begleichung der Verbindlichkeit i. H. v. 100 GE erscheint zum einen die Forderung und Verbindlichkeit nicht mehr in der Summenbilanz, zum anderen kann das Mutterunternehmen im Einzelabschluss einen sonstigen betrieblichen Ertrag von 20 GE verbuchen. Bei der Schuldenkonsolidierung muss dieser Ertrag zunächst eliminiert werden:

sonst. betr. Ertrag	20^{1}	an	Jahresergebnis	20^{1}

Da das Schuldverhältnis nicht mehr vorhanden ist, kann die Erfolgswirkung im letzten Schritt im Korrekturposten verbucht werden:

Jahresergebnis	20^{2}	an	Korrekturposten	20^{2}

4.3.4 Unterschiede zu den IFRS

Die Schuldenkonsolidierung nach IFRS ist in IFRS 10.B86 (c) geregelt. Die Vorgehensweise der Schuldenkonsolidierung nach IFRS **gleicht** im Wesentlichen der Vorgehensweise nach HGB.

Kontrollfragen

(1) Was ist das Ziel der Schuldenkonsolidierung?

(2) Wie wirkt sich eine erfolgsneutrale Schuldenkonsolidierung in der Konzernbilanz aus?

(3) Worin bestehen die Unterschiede zwischen den verschiedenen Aufrechnungsdifferenzen?

(4) Wie sind unechte/echte Aufrechnungsdifferenzen zu behandeln?

(5) Wo liegen bei der Schuldenkonsolidierung die Unterschiede zu den IFRS?

4.4 Zwischenergebniseliminierung

Zwischen den Konzernunternehmen können **Lieferungs- und Leistungsbeziehungen** bestehen, die in den jeweiligen Einzelabschlüssen unter Beachtung des **Realisationsprinzips** zu einem positiven oder negativen Erfolgsbeitrag führen. Da der Konzern gemäß dem **Einheitsgrundsatz** wie ein einziges Unternehmen dargestellt werden soll, dürfen im Konzern jedoch nur Gewinne oder Verluste erscheinen, die mit Konzernfremden erwirtschaftet wurden. Das Realisationsprinzip gilt also auch für den Konzernabschluss.

Aus Konzernsicht bedeutet ein positiver Erfolg aus einer Lieferungs- und Leistungsbeziehung zwischen Konzernunternehmen, welche im Einzelabschluss und somit auch im Summenabschluss erscheint, zum einen ein **zu hoch ausgewiesener Gewinn** für das liefernde Unternehmen und zum anderen würde das empfangene Konzernunternehmen einen zu **hohen Bestandswert** für den erworbenen Vermögensgegenstand ausweisen. Insgesamt würde dies zu einer wirtschaftlich besseren Darstellung des Konzerns führen[23]. Der zu hoch ausgewiesene Gewinn und der zu hohe Aktivbestand müssen im Rahmen der Zwischenergebniseliminierung beseitigt werden. Andersherum gilt dies auch für einen negativen Beitrag.

Definition Zwischenergebniseliminierung

Die Korrektur von Konzernbilanzansätzen, die durch – aus Konzernsicht – nicht realisierte konzerninterne Lieferungen oder Leistungen resultieren, ist Aufgabe der Zwischenergebniseliminierung.

---

[23] Vgl. Baetge, J.; Kirsch, H.-J.; Thiele, S.: Konzernbilanzen; 11., überarbeitete Aufl., Düsseldorf 2015, S. 265/266.

Auf die Zwischenergebniseliminierung kann verzichtet werden, sofern diese „für die Vermittlung eines den tatsächlichen Verhältnissen entsprechenden Bildes der Vermögens-, Finanz- und Ertragslage des Konzerns" (§ 304 Abs. 2 HGB) **belanglos** ist.

4.4.1 Voraussetzungen für die Zwischenergebniseliminierung

Die Eliminierung von Zwischenergebnissen muss erfolgen, wenn die unten genannten Voraussetzungen erfüllt sind:

- **Es liegen Vermögensgegenstände vor.**

  Dies können Vermögensgegenstände des Anlagevermögens oder des Umlaufvermögens sein, die **bilanzierungsfähig** sein müssen. Davon ausgenommen sind Leistungen, die in der Aufwands- und Ertragskonsolidierung ihre Berücksichtigung finden (vgl. Kapitel 4.5).

- **Die Vermögensgegenstände sind bilanziert.**

  Das bedeutet konkret, dass Vermögensgegenstände, die am Stichtag des Konzernabschlusses nicht mehr im Bestand eines einbezogenen Unternehmens sind, auch nicht im Rahmen der Zwischenergebniseliminierung berücksichtigt werden müssen. Hier ist aus Konzernsicht das Realisationsprinzip erfüllt. Dies liegt dann vor, wenn eine Weiterveräußerung an Konzernfremde erfolgt ist.

- **Die Vermögensgegenstände beruhen auf Lieferungen und Leistungen von Unternehmen, die in den Konsolidierungskreis einbezogen sind.**

  Somit sind Dreiecksgeschäfte (Kette von Lieferungen) oder der Umstand, dass das letzte Lieferunternehmen nicht in den Konsolidierungskreis nach § 296 HGB mit einbezogen werden muss, von der Zwischenergebniseliminierung ausgeschlossen.

- **Der Wertansatz in der Summenbilanz ist aus Konzernsicht zu hoch oder zu niedrig.**

  Dementsprechend ist eine Zwischengewinneliminierung oder Zwischenverlusteliminierung notwendig.

Die Pflicht zur Korrektur von Zwischenergebnissen besteht ebenfalls für Vermögensgegenstände, welche nur **zum Teil** aus einer Lieferung oder Leistung zwischen Konzernunternehmen hervorgehen (§ 304 Abs. 1 HGB). Folglich muss die Eliminierung des Zwischenergebnisses **anteilig** durchgeführt werden.

4.4.2 Definition des Zwischenerfolgs

Im Gesetz wird der Begriff Zwischenerfolg nicht definiert. Gemäß § 304 Abs. 1 HGB sind die Vermögensgegenstände aus konzerninternen Lieferungen oder Leistungen „in der Konzernbilanz mit einem Betrag anzusetzen, zu dem sie in der auf den Stichtag des Konzernabschlusses aufgestellten Jahresbilanz dieses Unternehmens angesetzt werden könnten, wenn die in den Konzernabschluss einbezogenen Unternehmen auch rechtlich ein einziges Unternehmen bilden würden".

Somit definiert sich der Zwischenerfolg als **Differenz** zwischen dem Einzelbilanzwert und dem Konzernbilanzwert des konzernintern gelieferten Vermögensgegenstandes.

Aus einzelbilanzieller Sicht kommen für bezogene Vermögensgegenstände die **Anschaffungskosten** und für selbst hergestellte Vermögensgegenstände die **Herstellungskosten** nach § 255 HGB als Wertansatz in Frage. Für den Wertansatz im Konzern gibt es keine konkreten Vorgaben, deshalb sind die Vermögensgegenstände **wie im Einzelabschluss** zu bewerten (§ 298 Abs. 1 HGB). Jedoch ist die Ermittlung des Vermögensgegenstandes **aus Konzernsicht** auszulegen[24]. Hieraus sind dann die für den Konzern zulässigen Ansätze für die Konzernanschaffungskosten bzw. Konzernherstellungskosten zu bestimmen.

Liegt der Einzelbilanzwert höher als die Konzernanschaffungskosten bzw. Konzernherstellungskosten, ergibt sich ein **Zwischengewinn**. Bei einem geringeren Wert in der Einzelbilanz wird von einem **Zwischenverlust** gesprochen.

---

[24] Vgl. Baetge, J.; Kirsch, H.-J.; Thiele, S.: Konzernbilanzen; 11., überarbeitete Aufl., Düsseldorf 2015, S. 283.

4.4.2.1 Konzernanschaffungskosten

Bei den Konzernanschaffungskosten handelt es sich um jene Gegenwerte, die durch in den Konzern einbezogene Unternehmen an konzernfremde Dritte für bezogene Vermögensgegenstände und Leistungen **aufgebracht werden** müssen. Ebenfalls zählen hierzu eigene Leistungen, die dem Erwerb zugerechnet werden können, um diese in einen **betriebsbereiten Zustand** zu versetzen. Hierbei kann es sich um Aufwendungen des liefernden, des belieferten oder eines anderen Konzernunternehmens handeln. Ebenso sind die **nachträglichen Anschaffungskosten** zu berücksichtigen. **Anschaffungspreisminderungen**, die dem Konzern von Dritten gewährt und den Vermögensgegenständen exakt zugeordnet werden können, sind abzusetzen (§ 298 Abs. 1 i. V. m. § 255 Abs. 1 HGB).

4.4.2.2 Konzernherstellungskosten

Sind die Vermögensgegenstände im Konzernverbund selbst hergestellt, be- oder verarbeitet worden, ist der Ansatz zu **Konzernherstellungskosten** nach § 298 Abs. 1 i. V. m. § 255 Abs. 2, 2a und 3 HGB notwendig. Wie für den Einzelabschluss gibt es eine **Pflicht** zum Ansatz von:

- Materialeinzelkosten,
- Fertigungseinzelkosten,
- Sonderkosten der Fertigung,
- angemessene Teile der Materialgemeinkosten,
- angemessene Teile der Fertigungsgemeinkosten und
- angemessene Teile des Werteverzehrs des Anlagevermögens, falls durch die Fertigung ausgelöst.

Sie gehören zu den **aktivierungspflichtigen** Konzernherstellungskosten. Ebenfalls gewährt § 298 Abs. 1 i. V. m. § 255 Abs. 2 HGB ein Ansatz**wahlrecht** für:

- Angemessene Teile der Kosten der allgemeinen Verwaltung,
- angemessene Aufwendungen für soziale Einrichtungen des Betriebs,

- angemessene Aufwendungen für freiwillige soziale Leistungen und für die betriebliche Altersversorgung sowie
- Fremdkapitalzinsen, falls im Herstellungszeitraum angefallen.

Diese werden **aktivierungsfähige** Konzernherstellungskosten genannt. Darüber hinaus sind bei der Ermittlung der Konzernherstellungskosten noch folgende zwei Besonderheiten zu berücksichtigen:

- **Herstellungskostenmehrungen**:

  Aus der Sicht des Einzelunternehmens nicht aktivierbare Kosten, die jedoch aus Sicht des Konzerns aktivierungspflichtig oder aktivierungsfähig sind.

  Beispiel: Transportkosten zwischen den verbundenen Unternehmen sind im Einzelabschluss als Vertriebskosten nicht aktivierungsfähig, aber im Konzernabschluss gehören sie zu den Herstellungskosten.

- **Herstellungskostenminderungen**:

  Aus der Sicht des Einzelunternehmens aktivierbare Kosten, die jedoch aus Sicht des Konzerns nicht aktiviert werden dürfen.

  Beispiele:

  - gezahlte Lizenzen an verbundene Unternehmen,
  - Miete an verbundene Unternehmen.

Zum Ende ist noch zu überprüfen, ob für den Wertansatz im Konzern eine außerplanmäßige Abschreibung notwendig ist.

Durch das **Wahlrecht** zum Ansatz der Gemeinkosten kann sich für die Konzernherstellungskosten eine **Obergrenze** (bei Ausübung des Wahlrechts) oder eine **Untergrenze** (bei Verzicht auf das Wahlrecht) ergeben. Werden zusätzlich die Herstellungskostenmehrungen und -minderungen berücksichtigt, können die Konzernherstellungskosten nach HGB entsprechend nach folgendem Schema ermittelt werden:

Aktivierungspflichtige Konzernherstellungskosten	Materialeinzelkosten + Fertigungseinzelkosten + Sondereinzelkosten der Fertigung + angemessene Teile der Materialgemeinkosten und Fertigungsgemeinkosten + angemessene Teile des Werteverzehrs des Anlagevermögens (durch Fertigung veranlasst) + aktivierungspflichtige Herstellungskostenmehrungen ./. Herstellungskostenminderungen
	= Untergrenze der Konzernherstellungskosten
Aktivierungsfähige Konzernherstellungskosten	+ angemessene Teile der Kosten der allgemeinen Verwaltung + angemessene Aufwendungen für soziale Einrichtungen des Betriebs, für freiwillige soziale Leistungen und für die betriebliche Altersversorgung + Fremdkapitalzinsen (soweit zur Finanzierung der Herstellung und im Herstellungszeitraum angefallen) + aktivierungsfähige Herstellungskostenmehrungen ./. Herstellungskostenminderungen
	= Obergrenze der Konzernherstellungskosten

Abb. 5: Bestimmung der Konzernherstellungskosten nach HGB (Unter- und Obergrenze)

Inwieweit Zwischenergebnisse zu eliminieren sind, hängt letztendlich von der Höhe der Konzernherstellungskosten ab. Ob die Obergrenze, Untergrenze oder jeder beliebige Zwischenwert für die Konzernherstellungskosten angesetzt wird, ist in den konzerneinheitlichen Richtlinien zu regeln[25].

Infolge von aktivierungspflichtigen und aktivierungsfähigen Bestandteilen der Konzernherstellungskosten besteht entsprechend der nachfolgenden Abbildung ein **eliminierungspflichtiger** Zwischengewinn/Zwischenverlust bzw. **eliminierungsfähiger** Zwischengewinn/Zwischenverlust:

[25] Vgl. Baetge, J.; Kirsch, H.-J.; Thiele, S.: Konzernbilanzen, 11., überarbeitete Aufl., Düsseldorf 2015, S. 283.

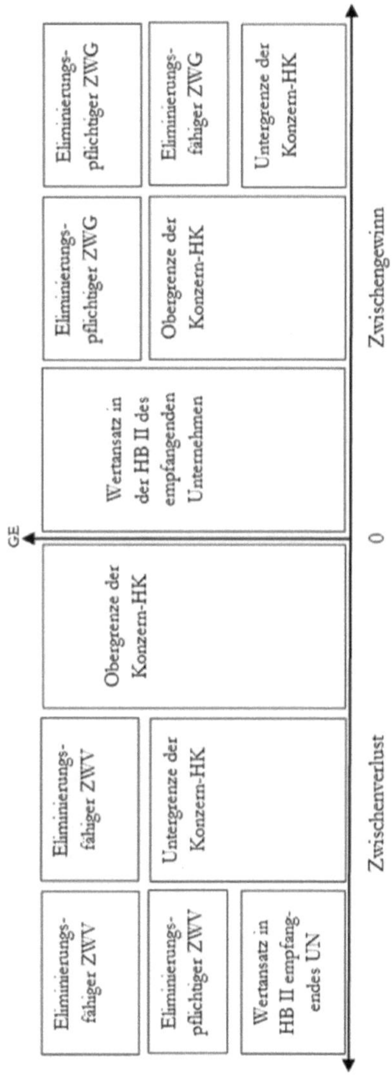

Abb. 6: Zusammengefasste Übersicht zum Zwischengewinn und Zwischenverlust[26]

[26] Zusammengefasst aus: Baetge, J.; Kirsch, H.-J.; Thiele, S.: Konzernbilanzen, 11., überarbeitete Aufl., Düsseldorf 2015, S. 283/284.

Weiter zu beachten ist, dass sich der eliminierungspflichtige Zwischengewinns reduziert, sobald der **Tageswert** am Bilanzstichtag niedriger als der Konzernverrechnungspreis ist. Im Gegensatz dazu ergibt sich ein verminderter Zwischenverlust, wenn der **Tageswert** am Bilanzstichtag unterhalb der Konzernherstellungsuntergrenze liegt.

4.4.3 Schritte zur Eliminierung der Zwischenergebnisse

Nachfolgend werden die einzelnen Schritte zur Eliminierung der Zwischenergebnisse erläutert:

1. Schritt: Ermittlung der Konzernbestände

- Überprüfung der Vermögensgegenstände in der Summenbilanz, ob diese aus konzerninternen Lieferung- oder Leistungsbeziehungen stammen. Die Konzernbestände können hierbei je nach Eignung **individuell** mittels gesonderten Bestandsfortschreibungen oder durch **pauschale Verfahren** wie der Durchschnittsmethode oder fiktiven Verbrauchsfolgemodellen ermittelt werden.

2. Schritt: Ermittlung der Wertansätze in den Einzelbilanzen (HB II)

- Maßgeblich sind hierbei die Einzelbilanzen, die als Basis für die Konsolidierung dienen.

3. Schritt: Ermittlung der Konzernanschaffungskosten bzw. der Konzernherstellungskosten

- Berechnung der Anschaffungskosten bzw. Herstellungskosten aus Konzernsicht gemäß Kapitel 4.4.2.1 und 4.4.2.2.

4. Schritt: Korrektur der Wertansätze in der Konzernbilanz

- Durchführung der Zwischenergebniseliminierung.

Insgesamt beeinflusst die Zwischenergebniseliminierung ebenfalls die Höhe der planmäßigen Abschreibungen – vorausgesetzt es handelt sich um ein abnutzbares Anlagevermögen.

Das Vorgehen der Zwischenergebniseliminierung wird anhand des folgenden vereinfachten Beispiels näher erläutert:

t=0 Bilanz	MU	TU	Summenbilanz	Konsolidierungsspalte		Konzernbilanz
	HB II	HB II		Soll	Haben	
Aktiva						
sonstiges AV	400	700	1.100			1.100
Beteiligung	500		500			500
FE	200		200		50[1]	150
Bank	100	100	200			200
∑ **Aktiva**	1.200	300	2.000			1.950
Passiva						
EK						
▪ sonst. EK	400	350	750			750
▪ JU	0	50	50	50[1]		0
sonst. Passiva	800	400	1.200			1.200
∑ **Passiva**	1.200	800	2.000	50	50	1.950

Für dieses Beispiel werden folgende Annahmen getroffen:

Das Tochterunternehmen liefert einen selbst hergestellten Vermögensgegenstand (50 GE) an das Mutterunternehmen für 100 GE. Hierdurch entsteht für die Tochter ein Jahresüberschuss von 50 GE. Das Mutterunternehmen verarbeitet den bezogenen Gegenstand weiter und kalkuliert zusätzlich mit 100 GE (aktivierungspflichtige + aktivierungsfähige) Gemeinkosten. Die Kalkulation erfolgte zur Herstellungskostenobergrenze. Hierfür ergibt sich ein Ansatz von 200 GE (100 GE Einzelkosten für den Bezug + 100 GE Gemeinkosten) in der Position „Fertige Erzeugnisse". In der Bilanz werden nur die fertigen Erzeugnisse aufgezeigt, die auf konzerninternen Lieferungen beruhen.

Gemäß der konzerneinheitlichen Richtlinie ist für die Konzernherstellungskosten die Höchstgrenze anzusetzen, die nach Ermittlung 150 GE beträgt. Somit ergibt sich ein Zwischengewinn von

50 GE (200 GE ./. 150 GE). Zur Eliminierung des Zwischengewinns ist folgender Buchungssatz notwendig:

Jahresüberschuss	50[1]	an	fertige Erzeugnisse	50[1]

Mit diesem Buchungssatz wird sowohl der zu hoch ausgewiesene Bestand an fertigen Erzeugnissen als auch das zu hoch ausgewiesene Jahresergebnis korrigiert.

Die entsprechenden Berichtigungen in der Konzern-GuV erfolgen in der Aufwands- und Ertragskonsolidierung (vgl. Kapitel 4.5). Die Buchungen zur Kapitalkonsolidierung wurden vernachlässigt.

4.4.4 Behandlung der Zwischengewinne/Zwischenverluste

Ist ein Zwischengewinn bzw. Zwischenverlust erstmals aufgetreten, ist dieser **erfolgswirksam** zu berücksichtigen. Ein entstandener Zwischengewinn bedeutet einen zu hoch ausgewiesenen Gewinn in der Einzelbilanz eines Konzernunternehmens. Im Konzern muss somit ein Ausgleich durch eine Verminderung des Konzernjahresüberschusses erfolgen. Ein Zwischenverlust dagegen führt zu einer Erhöhung des Konzernjahresüberschusses.

Kommt es in den Folgejahren nicht zu einer Realisierung des Zwischengewinns bzw. Zwischenverlustes, müssen diese in den Folgejahren bis zur Realisierung erfolgsneutral über die Gewinnrücklagen verrechnet werden. Sie dürfen den Konzernjahreserfolg nicht noch einmal berühren. Wird der Zwischengewinn (Zwischenverlust) im Folgejahr durch die Veräußerung an einen Konzernaußenstehenden realisiert, erhöht (vermindert) sich hiermit der Jahresüberschuss des Konzerns. Mit der Realisierung an Konzernfremde erfolgt die Umgliederung des Zwischenergebnisses aus den Gewinnrücklagen in das Konzernergebnis. Wie bereits bei der Schuldenkonsolidierung wirkt sich jeweils nur eine Differenz der Zwischenergebnisse zum Vorjahr erfolgswirksam aus.

Der Einfluss der Zwischenergebnisse auf den Konzernjahreserfolg kann mit unten angeführtem Schema berechnet werden:

∑	aller Einzeljahresüberschüsse der einbezogenen Konzernunternehmen
./.	neue Zwischengewinne, die im Abrechnungszeitraum entstanden sind
+	neue Zwischenverluste, die im Abrechnungszeitraum entstanden sind
+	Zwischengewinne, die im Abrechnungszeitraum realisiert wurden
./.	Zwischenverluste, die im Abrechnungszeitraum realisiert wurden
=	**Konzernjahreserfolg**

4.4.5 Unterschiede zu den IFRS

Die Vorgehensweise bei der Zwischenergebniseliminierung nach IFRS ist ähnlich dem Vorgehen nach HGB und in IFRS 10.B86 (c) geregelt. Unterschiede gibt es bei der Ermittlung der Konzernherstellungskosten. Nach IFRS sind **produktionsbezogenen Vollkosten** zu berücksichtigen, welche nur aus aktivierungspflichtigen Bestandteilen bestehen:

Aktivierungspflichtige Konzernherstellungskosten		
		Materialeinzelkosten
	+	Fertigungseinzelkosten
	+	Sondereinzelkosten der Fertigung
	+	angemessene Teile der notwendigen Materialgemeinkosten und notwendigen Fertigungsgemeinkosten
	+	angemessene Teile des Werteverzehrs des Anlagevermögens
	+	produktionsbezogene Kosten der Verwaltung
	+	produktionsbezogene Aufwendungen für soziale Einrichtungen des Betriebs, für freiwillige soziale Leistungen und für die betriebliche Altersversorgung
	+	produktionsbezogene Herstellungskostenmehrungen
	./.	produktionsbezogene Herstellungskostenminderungen
	+	Fremdkapitalzinsen nach IAS 23 bei einem *qualifying asset*
	=	**Konzernherstellungskosten (Obergrenze=Untergrenze)**

Abb. 7: Bestimmung der Konzernherstellungskosten nach IFRS

Dementsprechend gibt es keine Ober- bzw. Untergrenze für die Konzernherstellungskosten und lediglich **eliminierungspflichtige** Zwischenergebnisse.

Kontrollfragen

(1) Was ist die Aufgabe der Zwischenergebniseliminierung?

(2) Nennen Sie die Voraussetzungen für die Zwischenergebniseliminierung.

(3) Wie wird der Zwischenerfolg definiert?

(4) Welche Kosten fließen in die Berechnung der Konzernherstellungskosten ein?

(5) Stimmt es, dass die Konzernherstellungskosten lediglich zu einer Ober- oder Untergrenze angesetzt werden können?

(6) Was sind Konzernverrechnungspreise?

(7) Welche Schritte sind für die Zwischenergebniseliminierung notwendig?

(8) Wie werden die Konzernherstellungskosten nach den IFRS berechnet?

4.5 Aufwands- und Ertragskonsolidierung

Neben der Konzernbilanz ist auch die **Konzern-GuV** von der Konsolidierung betroffen. Diese erfolgt im Rahmen der Aufwands- und Ertragskonsolidierung. Wie die Konzernbilanz, wird die Konzern-GuV aus den einzelnen Einzelerfolgsrechnungen der einbezogenen Konzernunternehmen hergeleitet.

Mit der Aufwands- und Ertragskonsolidierung werden die Erträge und Aufwendungen eliminiert, die aufgrund von **konzerninternen Verflechtungen** entstanden sind. Die Konzern-GuV darf im Ergebnis nur die Erträge und Aufwendungen enthalten, die aus Transaktionen mit Konzernfremden hervorgehen.

Definition Aufwands- und Ertragskonsolidierung

Aufgabe der Aufwands- und Ertragskonsolidierung ist die Beseitigung von Aufwendungen und Erträgen, die aus konzerninternen Verflechtungen resultieren.

Neben § 305 HGB bilden die Vorschriften für die Einzelabschlüsse die Rechtsgrundlage für die Aufwands- und Ertragskonsolidierung. Dementsprechend kann nach § 298 Abs. 1 i. V. m. § 275 Abs. 2 und 3 HGB für die Gliederung der Konzern-GuV zwischen dem **Gesamtkostenverfahren** und dem **Umsatzkostenverfahren** gewählt werden.

Folgende Posten sind hierbei bei dem Gesamtkostenverfahren (GKV) bzw. Umsatzkostenverfahren (UKV) im Konzern relevant:

Gesamtkostenverfahren	Umsatzkostenverfahren
▪ Umsatzerlöse ▪ Erhöhung oder Verminderung des Bestands an fertigen und unfertigen Erzeugnissen ▪ andere aktivierte Eigenleistungen ▪ sonstige betriebliche Erträge ▪ Materialaufwand ▪ sonstige betriebliche Aufwendungen	▪ Umsatzerlöse ▪ Herstellungskosten der zur Erzielung der Umsatzerlöse erbrachten Leistungen ▪ Vertriebskosten ▪ allgemeine Verwaltungskosten ▪ sonstige betriebliche Erträge ▪ sonstige betriebliche Aufwendungen
▪ Erträge aus Beteiligungen ▪ Erträge aus anderen Wertpapieren und Ausleihungen des Finanzanlagevermögens ▪ sonstige Zinsen und ähnliche Erträge ▪ Zinsen und ähnliche Aufwendungen ▪ Erträge und Aufwendungen aus Verlustübernahmen/ Gewinnabführungen	

Abb. 8: Relevante Posten in der GuV für den Konzern

Hinsichtlich der Gliederung müssen in der Konzern-GuV folgende **konzernspezifische Besonderheiten** berücksichtigt werden:

- Gemäß § 307 Abs. 2 HGB ist der Gewinn bzw. Verlust im Konzernjahresergebnis, der den anderen **(Minder-)Gesellschaftern** zusteht, nach dem Posten „Jahresüberschuss/Jahresfehlbetrag" unter der Bezeichnung „nicht beherrschende Anteile" gesondert auszuweisen.
- Zudem verpflichtet § 312 Abs. 4 Satz 2 HGB zu einem **gesonderten** Ausweis des auf assoziierte Beteiligungen entfallenden Ergebnisses.

Zu beachten ist, dass vor der Addition aller Einzel-GuV der Konzernunternehmen das Gliederungsschema **vereinheitlicht** werden muss. Da die Umstellung vom Umsatzkostenverfahren zum Gesamtkostenverfahren oder andersherum mit einem enormen **Mehraufwand** verbunden ist, kann eine vorangestellte Überlegung, welches Gliederungsschema sinnvoll erscheint, nur von Vorteil sein[27].

Von der Aufwands- und Ertragskonsolidierung betroffen, sind gemäß § 305 Abs. 1 HGB:

- **Innenumsatzerlöse**,
- **andere Erträge aus Lieferungen und Leistungen und**
- **innerkonzernliche Ergebnisübernahmen**.

Zwar sind „innerkonzernliche Ergebnisübernahmen" im Gesetzestext nicht genannt, werden in der Praxis jedoch der Vollständigkeit halber ebenfalls berücksichtigt[28].

Darüber hinaus können sich die anderen Konsolidierungsmaßnahmen auch auf die Konzern-GuV auswirken, so z. B. die Ab-

---

[27] Vgl. Coenenberg, A.; Haller, A.; Schultze, W.: Jahresabschluss und Jahresabschlussanalyse, 24. Aufl., Stuttgart 2016, S. 759.

[28] Vgl. Coenenberg, A.; Haller, A.; Schultze, W.: Jahresabschluss und Jahresabschlussanalyse, 24. Aufl., Stuttgart 2016, S. 758.

schreibung des Geschäfts- oder Firmenwertes bei der Kapitalkonsolidierung.

Von der Pflicht zur Aufwands- und Ertragskonsolidierung kann abgesehen werden, wenn diese zur Darstellung eines den tatsächlichen Verhältnissen entsprechenden Bildes der Vermögens-, Finanz- und Ertragslage des Konzerns von **geringer Wichtigkeit** ist (§ 305 Abs. 2 HGB).

4.5.1 Definition und Behandlung von Innenumsatzerlöse

Innenumsatzerlöse sind Erlöse aus Lieferungen und Leistungen zwischen den in den Konzernabschluss einbezogenen Unternehmen. Davon zu unterscheiden sind **Außenumsatzerlöse**, die aus Lieferungen und Leistungen an konzernfremde Unternehmen hervorgehen und nicht von der Aufwands- und Ertragskonsolidierung betroffen sind.

Zwar gibt es eine **enge** Verknüpfung zwischen der Aufwands- und Ertragskonsolidierung und der Zwischenergebniseliminierung, jedoch haben beide Konsolidierungsmaßnahmen **unabhängig** voneinander zu erfolgen.

4.5.1.1 Innenumsatzerlöse aus Lieferungen

Die Behandlung von Innenumsatzerlösen aus Lieferungen und Leistungen ist in § 305 Abs. 1 Nr. 1 HGB geregelt. Demnach sind diese „mit den auf sie entfallenden Aufwendungen zu verrechnen, soweit sie nicht als Erhöhung des Bestands an fertigen und unfertigen Erzeugnissen oder als andere aktivierte Eigenleistungen auszuweisen sind". Konkret bedeutet dies, dass es drei Möglichkeiten für die **Behandlungsweise** von Innenumsatzerlösen gibt:

- Verrechnung mit den Aufwendungen des liefernden <u>oder</u> des empfangenden Konzernunternehmens.
- Umgliederung in den Posten „Bestandsveränderung an fertige und unfertige Erzeugnisse".
- Umgliederung in den Posten „andere aktivierte Eigenleistungen".

Die Positionen „Bestandsveränderung an fertige und unfertige Erzeugnisse“ und „Andere aktivierte Eigenleistung“ sind nur im Gliederungsschema des Gesamtkostenverfahrens zu finden. Beim Umsatzkostenverfahren erfolgt keine Umgliederung, sondern es werden lediglich die auf die Innenumsatzerlöse entfallenen Aufwendungen bzw. Herstellungskosten verrechnet.

Ob eine **Verrechnung** oder **Umgliederung** zu erfolgen hat, hängt davon ab, ob die Erzeugnisse

- vom liefernden Konzernunternehmen hergestellt oder
- vom liefernden Konzernunternehmen fremdbezogen sind
- und, ob die Lieferung
- in das Anlagevermögen des Empfängers (keine Weiterveräußerung ist beabsichtigt) oder
- in das Umlaufvermögen des Empfängers erfolgt (eine Weiterveräußerung ist beabsichtigt).

Die verschiedenen **Konstellationen** und deren Behandlung werden nachfolgend anhand des Gesamtkostenverfahrens näher erläutert:

Fall 1: Das Erzeugnis wurde vom liefernden Konzernunternehmen hergestellt. Die Lieferung erfolgt in das Anlagevermögen des Empfängers.

Das Mutterunternehmen liefert an seine Tochter eine selbst erstellte Maschine zu einem Verkaufspreis von 200 GE. Bei der Produktion der Maschine sind Materialaufwendungen von 150 GE angefallen. Die Nutzungsdauer für die Maschine beträgt zehn Jahre.

t=0 GuV	**MU**	**TU**	**Summen-GuV**	**Konsolidierungsspalte**		**Konzern-GuV**
	GuV II	GuV II		Soll	Haben	
Ertrag						
Umsatzerlöse	200		200	200[1]		
Bestandsveränderung						
aktivierte Eigenleistung					150[1]	150
Aufwand						
Materialaufwand	150		150			150
Abschreibungen		20	20		5[3]	15
Jahresergebnis	+50	-20	+30		45[1]	-15

Im vorliegenden Beispiel sind in der GuV II und somit auch in der Summen-GuV Umsatzerlöse i. H. v. 200 GE erfasst. Diese sind zu eliminieren, da aus Konzernsicht kein Verkauf stattgefunden hat. Vielmehr ist die Veräußerung als unentgeltliche Lieferung von einem Unternehmensbereich zum anderen Unternehmensbereich zu sehen.

Die Innenumsatzerlöse sind in Höhe der Aufwendungen (150 GE), die dem liefernden Unternehmen entstanden sind, in die anderen aktivierten Eigenleistungen umzugliedern. Die Differenz von 50 GE, die den Zwischengewinn der Mutter darstellt, muss mit dem Jahresergebnis verrechnet werden.

Zusätzlich finden die Abschreibungen Berücksichtigung. Diese sind mit 20 GE (200 GE / 10 Jahre) in der GuV II des Tochterunternehmens zu hoch ausgewiesen, da als Bemessungsgrundlage die Anschaffungskosten von 200 GE angesetzt wurden. Die Konzernherstellungskosten betragen jedoch 150 GE, wodurch Abschreibungen von 15 GE (150 GE / 10 Jahre) angemessen sind. Die Abschreibungen sind um 5 GE (50 GE / 10 Jahre) erfolgserhöhend zu korrigieren. Die Konsolidierung wird dabei mit folgendem Buchungssatz vorgenommen:

Umsatzerlöse	200[1]	an	aktivierte Eigenleistungen	150[1]
			Abschreibung	5[1]
			Jahresergebnis (GuV)	45[1]

Lösung: Umgliederung in den Posten „Andere aktivierte Eigenleistungen".

Fall 2a: Das Erzeugnis wurde vom liefernden Konzernunternehmen hergestellt. Die Lieferung erfolgt in das Umlaufvermögen des Empfängers.

Das Mutterunternehmen liefert an seine Tochter ein selbst erstelltes Erzeugnis zu einem Verkaufspreis von 300 GE. Für die Produktion des Erzeugnisses sind Materialaufwendungen von 200 GE angefallen. Am Ende der Abrechnungsperiode befinden sich die Erzeugnisse noch unbearbeitet im Bestand des Tochterunternehmens.

t=0 GuV	MU	TU	Summen-GuV	Konsolidierungsspalte		Konzern-GuV
	GuV II	GuV II		Soll	Haben	
Ertrag						
Umsatzerlöse	300		300	300[1]		
Bestandsveränderung					200[1]	200
aktivierte Eigenleistung						
Aufwand						
Materialaufwand	200		200			200
Abschreibungen						
Jahresergebnis	+100	0	+100		100[1]	0

Die GuV II des Tochterunternehmens wird nicht berührt, da seitens der Tochter keine Aufwendungen anfallen. Sind die Erzeugnisse am Ende der Periode noch auf Lager des empfangenen Unternehmens, so ist im Gesamtkostenverfahren in Höhe der Materialaufwendungen (200 GE) der Lagerbestand als Bestandsveränderung auszuweisen. Der entstandene Zwischenerfolg von 100 GE ist zulasten des Jahresergebnisses zu eliminieren:

Umsatzerlöse	300[1]	an	Bestandsveränderung	200[1]
			Jahresergebnis (GuV)	100[1]

Lösung: Umgliederung in den Posten „Bestandsveränderung an fertige und unfertige Erzeugnisse".

Fall 2b: Das Erzeugnis wurde vom liefernden Konzernunternehmen hergestellt. Die Lieferung erfolgt in das Umlaufvermögen des Empfängers.

Das Mutterunternehmen liefert an seine Tochter ein selbst erstelltes Erzeugnis zu einem Verkaufspreis von 300 GE. Für die Produktion des Erzeugnisses sind Materialaufwendungen von 200 GE angefallen. In derselben Abrechnungsperiode verkauft das Tochterunternehmen die Erzeugnisse an Konzernfremde für 350 GE.

t=0 GuV	MU	TU	Summen-GuV	Konsolidierungsspalte		Konzern-GuV
	GuV II	GuV II		Soll	Haben	
Ertrag						
Umsatzerlöse	300	350	650	300[1]		350
Bestands-veränderung						
aktivierte Eigen-leistung						
Aufwand						
Materialaufwand	200	300	500			200
Abschreibungen					300[1]	
Jahresergebnis	+100	+50	+150			+150

Sowohl bei dem Mutterunternehmen als auch bei dem Tochterunternehmen sind Umsatzerlöse in der GuV II ausgewiesen. Die Umsätze, die auf konzerninternen Verflechtungen beruhen (hier: 300 GE), sind zu eliminieren. Die Innenumsatzerlöse sind mit den entsprechenden Aufwendungen (300 GE), die die Tochter verbucht hat, zu verrechnen. Die Außenumsatzerlöse (350 GE) sind nicht von der Konsolidierung betroffen und erscheinen – wie die Aufwendungen der Mutter (200 GE) und der hieraus entstandene Gewinn von 150 GE – in der Konzern-GuV. Für diesen Fall lautet der Buchungssatz somit:

Umsatzerlöse	300[1]	an	Materialaufwand	300[1]

Lösung: Verrechnung mit den Aufwendungen des empfangenden Konzernunternehmens.

Fall 3: Das Erzeugnis wurde vom liefernden Konzernunternehmen fremdbezogen. Die Lieferung erfolgt in das Anlagevermögen des Empfängers.

Das Mutterunternehmen liefert an seine Tochter eine Maschine für einen Verkaufspreis von 200 GE. Die Maschine wurde von dem Mutterunternehmen für 100 GE fremdbezogen. Die Maschine hat eine Nutzungsdauer von zehn Jahren.

t=0 GuV	**MU**	**TU**	**Summen-GuV**	**Konsolidierungsspalte**		**Konzern-GuV**
	GuV II	GuV II		Soll	Haben	
Ertrag						
Umsatzerlöse	300		200	200[1]		
Bestandsveränderung						
aktivierte Eigenleistung						
Aufwand						
Materialaufwand	100		100		100[1]	
Abschreibungen		20	20		10[1]	10
Jahresergebnis	+100	-20	+80		90[1]	-10

Werden fremdbezogene Erzeugnisse in das Anlagevermögen geliefert, müssen die Umsatzerlöse mit den Aufwendungen, die für das liefernde Unternehmen anfallen, verrechnet werden. Dies führt somit zu einer vollständigen Elimination der anfallenden Erlöse und Aufwendungen. Da in diesem Fall beim Tochterunternehmen noch Abschreibungen von 20 GE (200 GE / 10 Jahre) anfallen, sind diese um 10 GE (100 GE /10 Jahre) zu korrigieren. Dementsprechend sind nur die korrigierten Abschreibungen in der Konzern-GuV sichtbar. Die Konsolidierungsbuchung lautet in diesem Fall:

Umsatzerlöse	200[1]	an	Materialaufwand	100[1]
			Abschreibung	10[1]
			Jahresergebnis (GuV)	90[1]

Lösung: Verrechnung mit den Aufwendungen des liefernden Konzernunternehmens.

Fall 4a: Das Erzeugnis wurde vom liefernden Konzernunternehmen fremdbezogen. Die Lieferung erfolgt in das Umlaufvermögen des Empfängers.

Das Mutterunternehmen liefert an seine Tochter Erzeugnisse für einen Verkaufspreis von 300 GE. Die Erzeugnisse wurden von dem Mutterunternehmen für 200 GE fremdbezogen. Am Ende der Abrechnungsperiode befinden sich die Erzeugnisse noch unbearbeitet im Bestand des Tochterunternehmens.

t=0 GuV	MU	TU	Summen-GuV	Konsolidierungsspalte		Konzern-GuV
	GuV II	GuV II		Soll	Haben	
Ertrag						
Umsatzerlöse	300		300	300[1]		
Bestandsveränderung						
aktivierte Eigenleistung						
Aufwand						
Materialaufwand	200		200		200[1]	
Abschreibungen						
Jahresergebnis	+100	0	+100		100[1]	0

Auch bei einer Lieferung eines fremdbezogenen Erzeugnisses in das Umlaufvermögen, dürfen diese in der Konzern-GuV nicht erscheinen. Sie müssen durch die Verrechnung mit den Aufwendungen eliminiert werden:

Umsatzerlöse	300[1]	an	Materialaufwand	200[1]
			Jahresergebnis (GuV)	100[1]

Lösung: Verrechnung mit den Aufwendungen des liefernden Konzernunternehmens.

Fall 4b: Das Erzeugnis wurde vom liefernden Konzernunternehmen fremdbezogen. Die Lieferung erfolgt in das Umlaufvermögen des Empfängers.

Das Mutterunternehmen liefert an seine Tochter Erzeugnisse für einen Verkaufspreis von 300 GE. Die Erzeugnisse wurden von dem Mutterunternehmen für 200 GE fremdbezogen. In derselben Abrechnungsperiode verkauft das Tochterunternehmen die Erzeugnisse an Konzernfremde für 350 GE.

t=0 GuV	MU	TU	Summen-GuV	Konsolidierungsspalte		Konzern-GuV
	GuV II	GuV II		Soll	Haben	
Ertrag						
Umsatzerlöse	300	350	650	300[1]		350
Bestandsveränderung						
aktivierte Eigenleistung						
Aufwand						
Materialaufwand	200	300	500		300[1]	200
Abschreibungen						
Jahresergebnis	+100	+50	+150			+150

Der Fall ist analog Fall 2b zu behandeln. Durch den Verkauf an Konzernfremde dürfen die Umsatzerlöse von 350 GE und der Materialaufwand des liefernden Unternehmens in der Konzern-

GuV erscheinen. Die Innenumsatzerlöse sind mit den Aufwendungen des empfangenden Unternehmens zu verrechnen:

Umsatzerlöse	300[1]	an	Materialaufwand	300[1]

Lösung: Verrechnung mit den Aufwendungen des empfangenden Konzernunternehmens.

4.5.1.2 Innenumsatzerlöse aus Leistungen

Innenumsatzerlöse können neben Lieferungen auch aus **Leistungen** erzielt werden. Wichtig dabei ist, dass die Leistung aus der **gewöhnlichen Geschäftstätigkeit** hervorgeht. Hierzu gehören u. a. Erträge aus:

- Miet- und Pachtverträgen,
- Patent- und Lizenzverträgen,
- sonstigen Dienstleistungen (Wartungsarbeiten, Reparaturleistungen, Speditionsleistungen).

Da den Erträgen beim empfangenden Unternehmen meist Aufwendungen in **gleicher Höhe** gegenüberstehen, können diese in simpler Weise miteinander **verrechnet** werden.

4.5.2 Definition und Behandlung anderer Erträge aus Lieferungen und Leistungen

Andere Erträge aus Lieferungen und Leistungen umfassen alle Erträge aus Lieferungen und Leistungen zwischen den konsolidierten Unternehmen, die **keine Umsatzerlöse** sind – unabhängig davon, wie sie in der Einzel-GuV der einbezogenen Unternehmen bezeichnet werden. Sie sind <u>nicht</u> aus der gewöhnlichen Geschäftstätigkeit entstanden, wie z. B. Erträge aus Wertpapierverkäufen. Betroffen ist größtenteils der Posten „Sonstige betriebliche Erträge/Aufwendungen“. Die Behandlung anderer Erträge aus Lieferungen und Leistungen ist in § 305 Abs. 1 Nr. 2 HGB geregelt. Demnach sind diese mit „den auf sie entfallenden Aufwendungen zu verrechnen, soweit sie nicht als andere aktivierte Eigen-

4.6 Quotenkonsolidierung

In Abschnitt 2.1.2 wurden rudimentär die Quotenkonsolidierung und Gemeinschaftsunternehmen angesprochen. Nachfolgende Erklärungen sollen sich ihnen anschließen.

Obwohl das HGB keine Definition zu Gemeinschaftsunternehmen liefert, zeichnen sich diese durch diverse Merkmale aus:

- **Das Gemeinschaftsunternehmen besitzt die Eigenschaft eines Unternehmens.**

  Die Rechtsform spielt hierbei keine Rolle.

- **Die Gesellschafterunternehmen sind wirtschaftlich unabhängig.**

  Das andere bzw. die anderen Gesellschafterunternehmen ist/sind nicht in den Konzernabschluss einbezogen.

- **Die gemeinsame Führung wird tatsächlich ausgeübt.**

  Es darf nicht nur die Möglichkeit zur gemeinsamen Führung bestehen, sondern diese muss **aktiv** ausgeführt werden.

Gemeinschaftlich geführte Unternehmen dürfen nicht vollkonsolidiert werden, sondern werden **wahlweise** nach § 310 HGB im Zuge der Quotenkonsolidierung in den Konzern mit einbezogen. Alternativ kann die Equity-Methode gewählt werden. Gemäß § 310 Abs. 1 HGB darf das Gemeinschaftsunternehmen „entsprechend den Anteilen am Kapital einbezogen werden, die dem Mutterunternehmen gehören". Den theoretischen Hintergrund dazu liefert die **Interessentheorie**.

§ 310 Abs. 2 HGB gibt des Weiteren den Hinweis, dass der quotale Einbezug für die Kapitalkonsolidierung, die Schuldenkonsolidierung, die Zwischenergebniseliminierung und die Aufwands- und Ertragskonsolidierung anzuwenden ist.

4.6.1 Konsolidierungstechnik

Generell ist die Methodik der Vollkonsolidierung auch für die Quotenkonsolidierung gültig. Jedoch sind zusätzlich einige **spezifische Besonderheiten** zu beachten:

- Nach der Vereinheitlichung gemäß den konzerneinheitlichen Grundsätzen werden die Abschlussposten aus der Bilanz und der GuV des Gemeinschaftsunternehmens **entsprechend der Beteiligungsquote** in den Summenabschluss übernommen. Dabei ist jener Anteil am Kapital einzubeziehen, der dem Gesellschafterunternehmen **direkt und indirekt** zugerechnet werden kann.
- Die Neubewertungsmethode ist ebenfalls für die Quotenkonsolidierung anzuwenden. Dementsprechend erfolgt eine **quotale** Aufdeckung der stillen Reserven und Lasten noch vor der Konsolidierung, so dass die Summenbilanz die quotal aufgedeckten stillen Reserven und Lasten enthält (HB III).
- Im Rahmen der Kapitalkonsolidierung erfolgt die Aufrechnung der Beteiligung des Gesellschaftsunternehmens mit dem neubewerteten – und bereits in der Summenbilanz anteilig ausgewiesenen – Eigenkapital des Gemeinschaftsunternehmens. Hierbei können sich ebenfalls aktive oder passive Unterschiedsbeträge ergeben.
- Ein Ausgleichsposten für Fremde mit der Bezeichnung „Nicht beherrschende Anteile“ ist <u>nicht</u> notwendig, da die Einziehung der Vermögensgegenstände und Schulden quotal erfolgt. Bei der Vollkonsolidierung dient der Ausgleichsposten als Korrektur für die Anteile der Konzernfremde, da die Vermögensgegenstände und Schulden ungekürzt in die Konzernbilanz übernommen werden.
- Bei der Schuldenkonsolidierung, Zwischenergebniseliminierung und der Aufwands- und Ertragskonsolidierung werden die innerkonzernlichen Schuldverhältnisse, Zwischenergebnisse und Erträge/Aufwendungen jeweils **quotal** eliminiert.

Für ein besseres Verständnis wird anhand eines Beispiels die quotale Kapitalkonsolidierung mit einer Beteiligungsquote von 25 % durchgeführt. Die Datenbasis hierfür bildet das einführende Beispiel zur Kapitalkonsolidierung im Rahmen der Vollkonsolidierung (vgl. Abschnitt 4.2.4):

t=0 Bilanz	**MU**	**Gemeinschaftsunternehmen**			**Summenbilanz**	**Konsolidierungsspalte**		**Konzernbilanz**
	HB II	HB II	stR/stL 100 %	HB III 25 %		Soll	Haben	
Aktiva								
GoF						15[2]		15
sonst.AV	400	300	40	85	485			485
Beteilig.	125				125		125[1]	
UV	300	500	20	130	430			430
verbl.UB						15[1]	15[2]	
∑ Aktiva	825	800		215	1.040			930
Passiva								
EK	400	400		110	510	110[1]		400
sonst. P	425	400	20	105	530			530
∑ Passiva	825	800		215	1.040	140	140	930

Da die Beteiligungsquote bei 25 % liegt, werden alle Positionen des Gemeinschaftsunternehmens aus der Bilanz zu 25 % in die Summenbilanz übernommen. Zusätzlich sind die stillen Reserven und Lasten zu 25 % in der HB III aufzudecken. Für die Aufdeckung der stillen Reserven und Lasten ist folgender Buchungssatz notwendig:

sonstiges Anlagevermögen	10			
Umlaufvermögen	5	an	Eigenkapital	10
			sonstige Passiva	5

Hierdurch ergeben sich die Zeitwerte in der HB III des Gemeinschaftsunternehmens durch folgende Berechnungen:

sonstiges Anlagevermögen 300 GE×25% + 40 GE×25% = 85 GE

Umlaufvermögen 500 GE×25% + 20 GE×25% = 130 GE

Eigenkapital	400 GE×25% + 40 GE×25% =	110 GE
sonstige Passiva	400 GE×25% + 20 GE×25% =	105 GE

Nach Addition der HB III des Gemeinschaftsunternehmens und der HB II des Gesellschafterunternehmens (GU), ergibt sich die Summenbilanz. Nun kann die Konsolidierung vorgenommen werden. Zunächst muss hierfür der Beteiligungsbuchwert des Gesellschafterunternehmens (125 GE) mit dem anteiligen Eigenkapital des Gemeinschaftsunternehmens (110 GE) verrechnet werden:

verbleibender Unterschiedsbetrag	15[1]			
Eigenkapital	110[1]	an	Beteiligung	125[1]

Im nächsten Schritt ist der verbleibende Unterschiedsbetrag als Geschäfts- oder Firmenwert auszuweisen:

Geschäfts- oder Firmenwert	15[2]	an	verbleibender Unterschiedsbetrag	15[2]

Die Folgekonsolidierung sieht folgendermaßen aus:

t=1 Bilanz	**MU**	**Gemeinschaftsunternehmen**			**Summenbilanz**	**Konsolidierungsspalte**		**Konzernbilanz**
	HB II	HB II	stR/stL 100 %	HB III 25 %		Soll	Haben	
Aktiva								
GoF						15[2]	**3[3]**	12
sonst.AV	400	300	40	85	485		**2[3]**	483
Beteilig.	125				125		125[1]	
UV	300	500	20	130	430			430
verbl.UB						15[1]	15[2]	
∑ Aktiva	825	800		215	1.040			925
Passiva								
EK	400	400		110	510	110[1]		400
sonst. P	425	400	20	105	530	**5[3]**		525
∑ Passiva	825	800		215	1.040	145	145	925

4.7 Equity-Methode

Wie in Abschnitt 2.1.3 beschrieben, werden assoziierte Unternehmen nach der **Equity-Methode** in den Konzernabschluss einbezogen. Darüber hinaus können von dieser Methode folgende Unternehmen betroffen sein:

- Gemeinschaftsunternehmen, die vom Wahlrecht nach § 310 Abs. 1 HGB Gebrauch machen und somit nicht quotal konsolidiert werden.
- Tochterunternehmen, die aufgrund des Konsolidierungswahlrechts nach § 296 HGB nicht in den Konzern einbezogen werden. Hier muss geprüft werden, ob ein maßgeblicher Einfluss vorliegt und somit die Equity-Methode zur Anwendung kommt.

Ein assoziiertes Unternehmen kennzeichnet sich gemäß § 311 Abs. 1 HGB durch folgende Merkmale:

- **Es liegt eine Beteiligung nach § 271 Abs. 1 HGB vor.**
- **Das beteiligte Unternehmen übt einen maßgeblichen Einfluss auf die Geschäfts- und Finanzpolitik des Beteiligungsunternehmens aus, ohne dass eine Beherrschungsmöglichkeit auftritt.**

  Wichtig ist, dass der maßgebliche Einfluss auch **tatsächlich** ausgeübt wird.

  Zudem zeichnet sich der maßgebliche Einfluss dadurch aus, dass dieser schwächer als der beherrschende Einfluss (vgl. Kapitel 2.2.1), jedoch stärker als eine rein finanzielle Beteiligung einzustufen ist. Hinweise für einen **maßgeblichen Einfluss** liefert DRS 8.3:

  - Zugehörigkeit eines Vertreters des beteiligten Unternehmens zum Aufsichtsrat oder einem ähnlichen Leitungsorgan beim Beteiligungsunternehmen.
  - Austausch von Führungspersonal zwischen beiden Parteien.

- Wichtige Geschäftsbeziehungen zwischen beiden Parteien.

- **Die Voll- oder Quotenkonsolidierung ist ausgeschlossen.**

Da es gleichwohl nach wie vor schwierig ist, assoziierte Unternehmen abzugrenzen, liefert § 311 Abs. 1 Satz 2 HGB bzw. DRS 8.3 eine **Assoziierungsvermutung**. Demnach wird ein maßgeblicher Einfluss widerlegbar vermutet, wenn mindestens 20 % der Stimmrechte am Beteiligungsunternehmen vorliegen.

Von der Equity-Methode kann abgesehen werden, wenn sie für die Darstellung der Generalnorm nach § 297 Abs. 2 Satz 2 f. HGB nur **unwesentlich** ist (§ 311 Abs. 2 HGB) oder der maßgebliche Einfluss **nicht dauerhaft** besteht (DRS 8.6). Der maßgebliche Einfluss wäre dann vorübergehend, wenn z. B. die Beteiligung nur mit der Absicht erworben wird, diese weiter zu veräußern (DRS 8.7).

4.7.1 Die Technik der Equity-Methode

Die Equity-Methode kann nicht mit der Voll- bzw. Quotenkonsolidierung verglichen werden. Hierbei erfolgt keine Übernahme der Vermögens- und Schuldenpositionen sowie Aufwendungen und Erträge in den Konzernabschluss.

Stattdessen wird – ausgehend von den Anschaffungskosten – der Wertansatz (**Equity-Wert**) entsprechend der Entwicklung des anteiligen Eigenkapitals des assoziierten Unternehmens in den Folgejahren fortgeschrieben. Hierdurch kann eine zeitnahe Bewertung der Beteiligung gewährleistet werden[29]. Dabei erscheint lediglich der modifizierte Wert der Beteiligung in der Konzernbilanz. Die Equity-Methode wird deshalb oft als **Bewertungsmethode** klassifiziert, ist im Kern aber eine Konsolidierungstechnik.

---

[29] Vgl. Coenenberg, A.; Haller, A.; Schultze, W.: Jahresabschluss und Jahresabschlussanalyse, 24. Aufl., Stuttgart 2016, S. 722/723.

4.7.1.1 Erstkonsolidierung

Das Vorgehen bei der Equity-Methode ist in § 312 HGB verankert und zeichnet sich durch folgende Schritte aus:

1. Schritt: Übernahme des Buchwertes der Beteiligung aus dem Einzelabschluss in die Konzernbilanz als „Beteiligungen an assoziierten Unternehmen“.

- Zum Zeitpunkt der Erstkonsolidierung ist die Beteiligung, die beim beteiligten Unternehmen im Einzelabschluss ausgewiesen ist, mit dem **Buchwert** in der Konzernbilanz anzusetzen (§ 312 Abs. 1 Satz 1 HGB). Somit kommt die bei der Voll- und Quotenkonsolidierung nicht zulässige **Buchwertmethode** zum Einsatz. Dieser Buchwert entspricht den Anschaffungskosten der Beteiligung, welche im Erstjahr die **Obergrenze** des Equity-Wertes darstellt.

2. Schritt: Ermittlung des Unterschiedsbetrags.

- Weiterhin schreibt § 312 Abs. 1 Satz 2 HGB vor, dass der Unterschiedsbetrag zu ermitteln ist, der die **Differenz** zwischen dem Beteiligungsbuchwert und dem anteiligen Eigenkapital des assoziierten Unternehmens darstellt.

3. Schritt: Zuordnung des Unterschiedsbetrages den Positionen, die stille Reserven oder Lasten enthalten.

- Für die Berücksichtigung der stillen Reserven und Lasten wird der ermittelte Unterschiedsbetrag in einer **Nebenrechnung** den entsprechend neubewerteten Vermögensgegenständen, Schulden, Rechnungsabgrenzungsposten und Sonderposten des assoziierten Unternehmens zugeordnet. Ergibt sich nach Zuordnung des Unterschiedsbetrags eine Differenz, ist dies entweder ein Geschäfts- oder Firmenwert (positiver Unterschiedsbetrag) bzw. passiver Unterschiedsbetrag (negativer Unterschiedsbetrag).

  Die Nebenrechnung sieht folgendermaßen aus:

	Beteiligungsbuchwert
./.	anteiliges Eigenkapital des assoziierten Unternehmens
=	Unterschiedsbetrag
./.	anteilige stille Reserven
+	anteilige stille Lasten
=	+ Geschäfts- oder Firmenwert/- passiver Unterschiedsbetrag

4. Schritt: Angabe des Unterschiedsbetrags und Geschäfts- oder Firmenwerts bzw. passiven Unterschiedsbetrags im Konzernanhang.

- Der Unterschiedsbetrag und ein ggf. darin enthaltener Geschäfts- oder Firmenwert bzw. passiver Unterschiedsbetrag werden nicht in der Konzernbilanz ausgewiesen, sondern sind im **Konzernanhang** anzugeben.

Es gibt zudem einige Besonderheiten, die im Rahmen der Anwendung der Equity-Methode zu beachten sind:

- Die **erstmalige** Ermittlung des Equity-Wertes und des Unterschiedsbetrags muss zu dem Zeitpunkt erfolgen, an dem das Beteiligungsunternehmen assoziiertes Unternehmen geworden ist. Sind die Wertansätze zu diesem Zeitpunkt nicht vollständig darstellbar, ist eine Anpassung innerhalb der nächsten zwölf Monate verpflichtend (§ 312 Abs. 3 Satz 1 und 2 HGB).
- Wird im dritten Schritt ein passiver Unterschiedsbetrag (Beteiligungsbuchwert ist kleiner als anteiliges Eigenkapital) ermittelt, darf dieser nicht dazu führen, dass der Equity-Wert erfolgswirksam **aufgestockt** wird, da der Buchwert die Obergrenze bildet. Dementsprechend gibt es eine **Einschränkung** bei der Aufdeckung der stillen Reserven und Lasten. So dürfen aufgedeckte stille Reserven nicht zur Folge haben, dass ein passiver Unterschiedsbetrag entsteht oder dieser sich erhöht.
- Die relevanten Vermögensgegenstände und Schulden des assoziierten Unternehmens können in einer HB II gemäß den konzernrechtlichen Richtlinien bewertet werden. Hierfür bietet § 312 Abs. 5 Satz 1 HGB ein **Wahlrecht**. Wird von diesem

Wahlrecht nicht Gebrauch gemacht, ist dies im Konzern-anhang anzugeben. Die Verpflichtung, den Bilanzansatz zu ver-einheitlichen, ist im Gesetz nicht geregelt. Der DRS 8.8 ver-langt dagegen, dass die Bilanzierungs-, Bewertungs- und Kon-solidierungsmethoden des assoziierten Unternehmens den Vorschriften nach HGB und den Regelungen nach DRS **ent-sprechen** müssen.

- Gemäß § 312 Abs. 6 HGB bildet der **letzte Jahresabschluss** des assoziierten Unternehmens die Grundlage für die Bestimmung des anteiligen Eigenkapitals und deren Fortentwicklung in den Folgejahren. Stellt das assoziierte Unternehmen jedoch einen **Konzernabschluss** auf, so ist von diesem auszugehen, nicht vom Einzelabschluss.
- Findet der Beteiligungskauf im **Laufe des Geschäftsjahres** statt, müssen auch die vor der Akquisition erwirtschafteten Jahresüberschüsse des assoziierten Unternehmens bei der Berechnung des Unterschiedsbetrags beachtet werden. Sie sind dann dem anteiligen Eigenkapital hinzuzuaddieren.

Im Folgenden wird die Equity-Methode in einem vereinfachten Beispiel erstmals angewendet. Die zugrunde liegenden Daten sind bereits aus der Voll- und Quotenkonsolidierung bekannt. Die Mutter hält 25 % der Anteile am assoziierten Unternehmen:

t=0 Bilanz	MU	Assoziiertes UN		Summen-bilanz	Konsolidierungs-spalte		Konzern-bilanz
	HB II	HB II	Zeit-werte		Soll	Haben	
Aktiva							
sonst.AV	400	300	340				400
Beteiligung an UN	125						125
UV	300	500	520				300
∑ Aktiva	825	800					825
Passiva							
EK	400	400	440				400
sonst. Passiva	425	400	420				425
∑ Passiva	825	800					825

Im ersten Schritt wurde der Buchwert der Beteiligung i. H. v. 125 GE in die Konzernbilanz innerhalb der Position „Beteiligungen an assoziierten Unternehmen" übernommen. Im nächsten Schritt ist der Unterschiedsbetrag zu bestimmen:

Beteiligungsbuchwert	125 GE
./. anteiliges Eigenkapital des assoziierten UN (400 GE × 25 %)	100 GE
= Unterschiedsbetrag	25 GE

Im Unterschiedsbetrag sind noch die stillen Reserven und Lasten sowie der Geschäfts- oder Firmenwert enthalten. Diese sind in einer Nebenrechnung zu ermitteln:

Unterschiedsbetrag	25 GE
./. anteilige stille Reserven ((40 GE + 20 GE) × 25 %)	15 GE
+ anteilige stille Lasten (20 GE × 25 %)	5 GE
= + Geschäfts- oder Firmenwert	15 GE

Im Konzernanhang sind lediglich der Unterschiedsbetrag von 25 GE und der Geschäfts- oder Firmenwert i. H. v. 15 GE anzugeben.

Im Beispiel wurde die Zwischenergebniseliminierung vernachlässigt.

4.7.1.2 Folgekonsolidierung

Im Zuge der Folgekonsolidierung sind bei der Equity-Methode folgende Sachverhalte zu berücksichtigen. Ansatzpunkt ist hierbei immer der Equity-Wert des letzten Konzernabschlusses:

- Der Equity-Wert ist entsprechend der Eigenkapitalveränderung des assoziierten Unternehmens **fortzuschreiben** (§ 312 Abs. 4 Satz 1 HGB). Konkret bedeutet dies, dass Jahresüberschüsse bzw. Jahresfehlbeträge, die dem assoziierten Unternehmen im jeweiligen Geschäftsjahr entstehen, den Equity-Wert erhöhen bzw. mindern. Dividendenausschüttungen, die das beteiligte Unternehmen erhält, fließen ebenfalls in Form einer Wertminderung ein. Die Equity-Methode wird daher auch als **Spiegelbildmethode** bezeichnet, da sich die Änderungen im anteiligen Eigenkapital des Beteiligungsunternehmens im Beteiligungsbuchwert widerspiegeln.

- Die durch die Eigenkapitalveränderung entstandenen Auswirkungen auf den Equity-Wert sind in der GuV unter einem gesonderten Posten sichtbar zu machen.
- Die stillen Reserven und Lasten, die im Erstjahr in der Nebenrechnung ermittelt wurden, sind **fortzuschreiben**. Die Abschreibung bzw. Auflösung derer beeinflusst den Equity-Wert.
- Von der Fortschreibung des Equity-Wertes ist auch der Geschäfts- oder Firmenwert bzw. passive Unterschiedsbetrag betroffen. Sie müssen **gleich** wie bei der Vollkonsolidierung gemäß § 309 HGB gehandelt werden (§ 312 Abs. 2 Satz 3 HGB).
- Darüber hinaus gibt es weitere Positionen, die für die Fortschreibung des Equity-Wertes relevant sind. Neben den oben genannten **regelmäßigen Fortschreibungen** sind noch **unregelmäßige Fortschreibungen** des Equity-Wertes möglich. Dies ist dann der Fall, wenn Änderungen am Beteiligungswert oder Eigenkapitalmaßnahmen durchgeführt werden. Das Schema zur Fortschreibung des Equity-Wertes ist in folgender Übersicht dargestellt:

		Beteiligungsbuchwert (Jahr= t)
Regelmäßige Fortschreibungen des Equity-Wertes	+	anteiliger Jahresüberschuss des assoziierten Unternehmens
	./.	anteiliger Jahresfehlbetrag des assoziierten Unternehmens
	./.	erhaltene Dividendenzahlungen vom assoziierten Unternehmen
	./.	Auflösung/Abschreibung der aufgedeckten stillen Reserven
	+	Auflösung/Verminderung der aufgedeckten stillen Lasten
	./.	Abschreibung eines Geschäfts- oder Firmenwertes
	+	Auflösung eines passiven Unterschiedsbetrages
	+/./.	Ergebniswirkung aus der Anpassung an konzerneinheitlichen Bewertungsmethoden
	./.	Eliminierung von Zwischengewinnen
	+	Eliminierung von Zwischenverlusten
Unregelmäßige Fortschreibungen des Equity-Wertes	./.	außerplanmäßige Abschreibungen
	+	Zuschreibungen
	+	Kapitaleinzahlungen
	./.	Kapitalrückzahlungen
	=	Beteiligungsbuchwert (Jahr= t+1)

Abb. 9: Berechnungsschema für die Fortschreibung des Equity-Wertes in den Folgejahren

- Für den Fall, dass die regelmäßigen Fortschreibungen einen negativen Beteiligungsbuchwert zur Folge haben, sieht der DRS 8.27 vor, dass in der Konzernbilanz der Wert **Null** anzusetzen ist. In einer Nebenrechnung ist der negative Equity-Wert jedoch fortzuschreiben, bis dieser ausgeglichen ist und erneut in der Konzernbilanz erscheinen darf.
- Da in der Summenbilanz lediglich der Beteiligungsbuchwert vom Einzelabschluss des beteiligten Unternehmens erscheint und nicht der jeweils in den Folgejahren fortgeschriebene Equity-Wert, ist die in den Vorjahren gebuchte Fortschreibung des Equity-Wertes jedes Jahr zu **wiederholen**. Die Vorgänge, die in der früheren Periode erfolgswirksam verbucht wurden, dürfen im laufenden Jahr nur noch erfolgsneutral mit den Gewinnrücklagen verrechnet werden. Erfolgsneutrale Sachverhalte aus den Vorjahren können hingegen wie in den Vorjahren erneut erfolgsneutral verbucht werden.

Im Folgenden wird das Beispiel zur Equity-Methode fortgeführt:

t=1 Bilanz	**MU**	**assoziiertes UN**	**Summenbilanz**	**Konsolidierungsspalte**		**Konzernbilanz**
	HB II	HB II		Soll	Haben	
Aktiva						
sonstiges AV	400	300				400
Beteiligung an ass. UN	125		200	20[1]		145
UV	300	500				300
∑ **Aktiva**	825	800				845
Passiva						
EK						
▪ sonst. EK	400	400				400
▪ JU	60	80			20[1]	80
sonst. Passiva	365	320				365
∑ **Passiva**	825	800	2.000	20	20	845

Für die weiteren Berechnungen werden folgende Annahmen getroffen:

Die Aktivseite im Folgejahr bleibt gleich. Das Mutterunternehmen hat einen Gewinn von 60 GE erwirtschaftet, das assoziierte Unternehmen verzeichnet einen Jahresüberschuss von 80 GE. Um den jeweiligen Gewinn hat sich das sonstige Passiva gemindert. Die stillen Reserven im sonstigen Anlagevermögen des assoziierten Unternehmens werden Vermögensgegenständen zugeteilt, die eine Restnutzungsdauer von fünf Jahren haben. Die stillen Reserven im Umlaufvermögen bleiben erhalten. Die stillen Lasten wurden im Laufe des Jahres t=1 vollständig realisiert. Der Geschäfts- oder Firmenwert ist über fünf Jahre abzuschreiben. Unter Berücksichtigung der vorgegebenen Annahmen kann der Equity-Wert fortgeschrieben werden:

Beteiligungsbuchwert in t=0	125 GE
+ anteiliger Jahresüberschuss des assoziierten UN (80 GE × 25 %)	20 GE
./. erhaltene Dividendenzahlungen vom assoziierten Unternehmen	0 GE
./. Abschreibung stillen Reserven im AV ((40 GE × 25 %) / 5 Jahre)	2 GE
+ Auflösung stille Lasten (20 GE × 25 %)	5 GE
./. Abschreibung eines Geschäfts- oder Firmenwertes (15 GE / 5 Jahre)	3 GE
= Beteiligungsbuchwert in t=1	145 GE

Der Equity-Wert erhöht sich im Folgejahr um 20 GE und wird mit folgendem Buchungssatz erfolgswirksam angepasst:

Beteiligung an ass. UN	20[1]	an	Jahresüberschuss	20[1]

Somit erscheint der Equity-Wert in t=1 mit einem Wert von 145 GE in der Konzernbilanz.

Die Buchungen in der Konzern-GuV werden vernachlässigt.

4.7.1.3 Sonstiges zur Equity-Methode

Bei der Ermittlung des Equity-Wertes sind ferner **Zwischenergebnisse** zu berücksichtigen. Gemäß § 312 Abs. 5 Satz 3 HGB ist die Zwischenergebniseliminierung nach § 304 HGB **analog** anzuwenden, vorausgesetzt es liegen die benötigten Informationen vor, um die Sachlage zu beurteilen.

Da bei der Equity-Methode die Vermögensgegenstände und Schulden des assoziierten Unternehmens nicht in die Konzernbilanz übernommen werden, § 304 HGB aber fordert, dass nur übernommene Vermögensgegenstände in die Konzernbilanz von der Zwischenergebniseliminierung betroffen sind, können nur Zwischenergebnisse aus ***Upstream*-Geschäften** relevant für die Equity-Methode sein[30]. *Upstream*-Geschäfte bedeuten, dass das assoziierte Unternehmen einen Vermögenswert an das beteiligte Unternehmen liefert und somit die Bilanzierung auf Seiten des beteiligten Unternehmens stattfindet. Der umgekehrte Fall wären ***Downstream*-Geschäfte**, bei welchen das assoziierte Unternehmen Empfänger der Vermögensgegenstände ist.

Gemäß DRS 8.30 müssen Zwischenergebnisse sowohl aus *Upstream*-Geschäften als auch aus *Downstream*-Geschäften berücksichtigt werden. Dabei besteht die Verpflichtung zur Verrechnung der zu eliminierenden Zwischenergebnisse mit dem Equity-Wert.

Grundsätzlich sind die Schuldenkonsolidierung und die Aufwands- und Ertragskonsolidierung im Rahmen der Equity-Methode nicht durchzuführen. Freiwillig ist dies aber möglich[31].

4.7.2 Unterschiede zu den IFRS

Die Equity-Methode nach IFRS ist in IAS 28 geregelt. Anzuwenden ist die Equity-Methode für **assoziierte Unternehmen** (*associa-*

---

[30] Vgl. Baetge, J.; Kirsch, H.-J.; Thiele, S.: Konzernbilanzen; 11., überarbeitete Aufl., Düsseldorf 2015, S. 373.

[31] Vgl. Küting, K.; Weber, C.: Der Konzernabschluss, 13. Aufl., Stuttgart 2012, S. 591.

tes) und **Gemeinschaftsunternehmen** (*joint ventures*). Für Tochterunternehmen kommt die Anwendung der Equity-Methode nach IFRS nicht in Frage, wie es im Gegensatz dazu im Handelsrecht bei Ausübung des Wahlrechts nach § 296 HGB möglich wäre.

Nach internationaler Rechnungslegung muss keine Beteiligung nach § 271 Abs. 1 HGB vorliegen, damit von einem assoziierten Unternehmen gesprochen werden kann. Stattdessen reicht die Möglichkeit der **Mitwirkung** an den Entscheidungen über die Geschäfts- und Finanzpolitik des assoziierten Unternehmens, damit ein **maßgeblicher Einfluss** (*significant influence*) vorliegt. Die Assoziierungsvermutung nach HGB gilt auch für die IFRS.

Die genannten Ausnahmen von der Equity-Methode nach HGB bestehen auch für die IFRS. Ergänzend dazu liegt für den IFRS-Konzernabschluss noch eine weitere Ausnahme vor:

- **Das beteiligte Unternehmen führt eine bestimmte Geschäftstätigkeit aus.**

  Hierzu zählen u. a. Wagniskapitalgesellschaften, offene Investmentfonds oder fondsgebundene Versicherungen, die alternativ eine Bewertung zum *fair value* nach IFRS 9 bzw. IAS 39 wählen können.

Hinsichtlich der Technik der Equity-Methode nach IFRS gibt es folgende Unterschiede zum HGB:

- Erfolgt der Erwerb der Anteile des assoziierten Unternehmens irgendwann im Laufe des Jahres, ist die Erstellung eines Zwischenabschlusses zum Zeitpunkt des Erwerbs notwendig.
- Im ersten Schritt werden in einer Nebenrechnung die anteiligen stillen Reserven und Lasten vollständig aufgedeckt. Da es hier keine Anschaffungskostenrestriktion gibt, besteht entsprechend auch keinerlei Eingrenzung, was die Aufdeckung der stillen Reserven und Lasten wie im HGB angeht.
- Anschließend erfolgt ein **Vergleich** der Anschaffungskosten mit dem neubewerteten anteiligen Eigenkapital des assoziier-

ten Unternehmens, woraus sich ein *goodwill* oder ein *badwill* ergeben kann.

- Ein *goodwill* oder *badwill* wird nicht gesondert in der Konzernbilanz ausgewiesen. Der *goodwill* wird als Teil des Equity-Wertes gesehen. Der *badwill* wird dagegen unmittelbar vereinnahmt und führt somit zu einer Erhöhung des Equity-Wertes.
- Die Fortschreibung des Equity-Wertes nach IFRS beginnt bereits mit der **erstmaligen** Anwendung der Equity-Methode, d. h. die Eigenkapitalveränderung wird bereits im Erstjahr berücksichtigt.
- Eine Abschreibung oder ein Wertminderungstest ist für einen sich ergebenen *goodwill* nicht vorgesehen. Jedoch ist die Beteiligung auf einen **Wertminderungsbedarf** nach IAS 36 hin zu untersuchen (IAS 28.42).
- Wie schon der DRS 8.30 bezieht sich die Zwischenergebniseliminierung im Rahmen der Equity-Methode nach IFRS sowohl auf *Upstream*-Geschäfte als auch *Downstream*-Geschäfte.

Kontrollfragen

(1) Was sind assoziierte Unternehmen?

(2) Wodurch kennzeichnen sich assoziierte Unternehmen?

(3) Wodurch unterscheidet sich die Equity-Methode von der Voll- und Quotenkonsolidierung?

(4) Wie muss bei der Erstkonsolidierung im Rahmen der Equity-Methode vorgegangen werden?

(5) Inwieweit spielen Zwischenergebnisse bei der Equity-Methode eine Rolle?

Literatur

Baetge, J.; Kirsch, H.-J.; Thiele, S.: Konzernbilanzen, 11., überarbeitete Auflage, Düsseldorf 2015.

Coenenberg, A.; Haller, A.; Schultze, W.: Jahresabschluss und Jahresabschlussanalyse, 24. Auflage, Stuttgart 2016.

Ditges, J.; Arendt, U.: Bilanzen, 13. Auflage, Herne 2010.

Gräfer, H.; Scheld, G.: Grundzüge der Konzernrechnungslegung, 13., neu bearbeitete Auflage, Berlin 2016.

IDW (Hrsg.): WP Handbuch 2012, Band I, 14. Auflage, Düsseldorf 2012.

Kirsch, H.: Einführung in die internationale Rechnungslegung nach IFRS, 10. Auflage, Herne 2016.

Küting, K.; Weber, C.: Der Konzernabschluss, 13. Auflage, Stuttgart 2012.

Steiner, E.; Orth, J.; Schwarzmann, W.: Konzernrechnungslegung nach HGB und IFRS, 1. Auflage, Stuttgart 2010.

Zülch, H.; Hendler, M.: Bilanzierung nach IFRS, 2. Auflage, Weinheim 2017.

Stichwortverzeichnis